ハヤカワ文庫 NF
〈NF583〉

ハウス・オブ・グッチ

〔下〕

サラ・ゲイ・フォーデン
実川元子訳

早川書房
8754

THE HOUSE OF GUCCI
A True Story of Murder, Madness, Glamour, and Greed
by
Sara Gay Forden

Translated by
Motoko Jitsukawa
Published 2021 in Japan by
HAYAKAWA PUBLISHING, INC.
This book is published in Japan by
arrangement with
TRIDENT MEDIA GROUP, LLC
through THE ENGLISH AGENCY (JAPAN) LTD.

目次　*THE HOUSE OF GUCCI*

上巻目次

ハウス・オブ・グッチ〔下〕

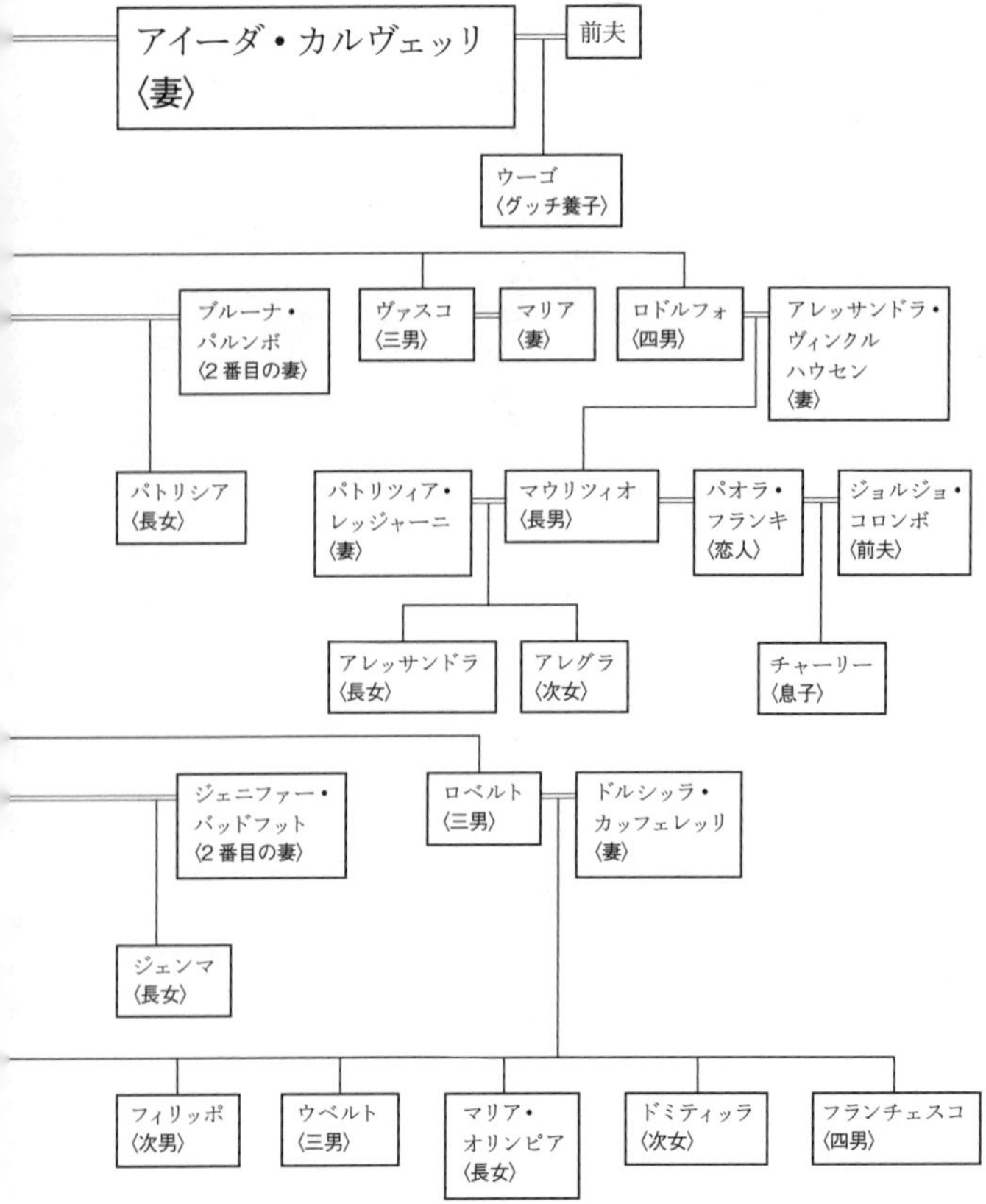
アイーダ・カルヴェッリ〈妻〉
前夫
ウーゴ〈グッチ養子〉
ブルーナ・パルンボ〈2番目の妻〉
ヴァスコ〈三男〉
マリア〈妻〉
ロドルフォ〈四男〉
アレッサンドラ・ヴィンクルハウセン〈妻〉
パトリシア〈長女〉
パトリツィア・レッジャーニ〈妻〉
マウリツィオ〈長男〉
パオラ・フランキ〈恋人〉
ジョルジョ・コロンボ〈前夫〉
アレッサンドラ〈長女〉
アレグラ〈次女〉
チャーリー〈息子〉
ジェニファー・パッドフット〈2番目の妻〉
ロベルト〈三男〉
ドルシッラ・カッフェレッリ〈妻〉
ジェンマ〈長女〉
フィリッポ〈次男〉
ウベルト〈三男〉
マリア・オリンピア〈長女〉
ドミティッラ〈次女〉
フランチェスコ〈四男〉

グッチ一族主要登場人物

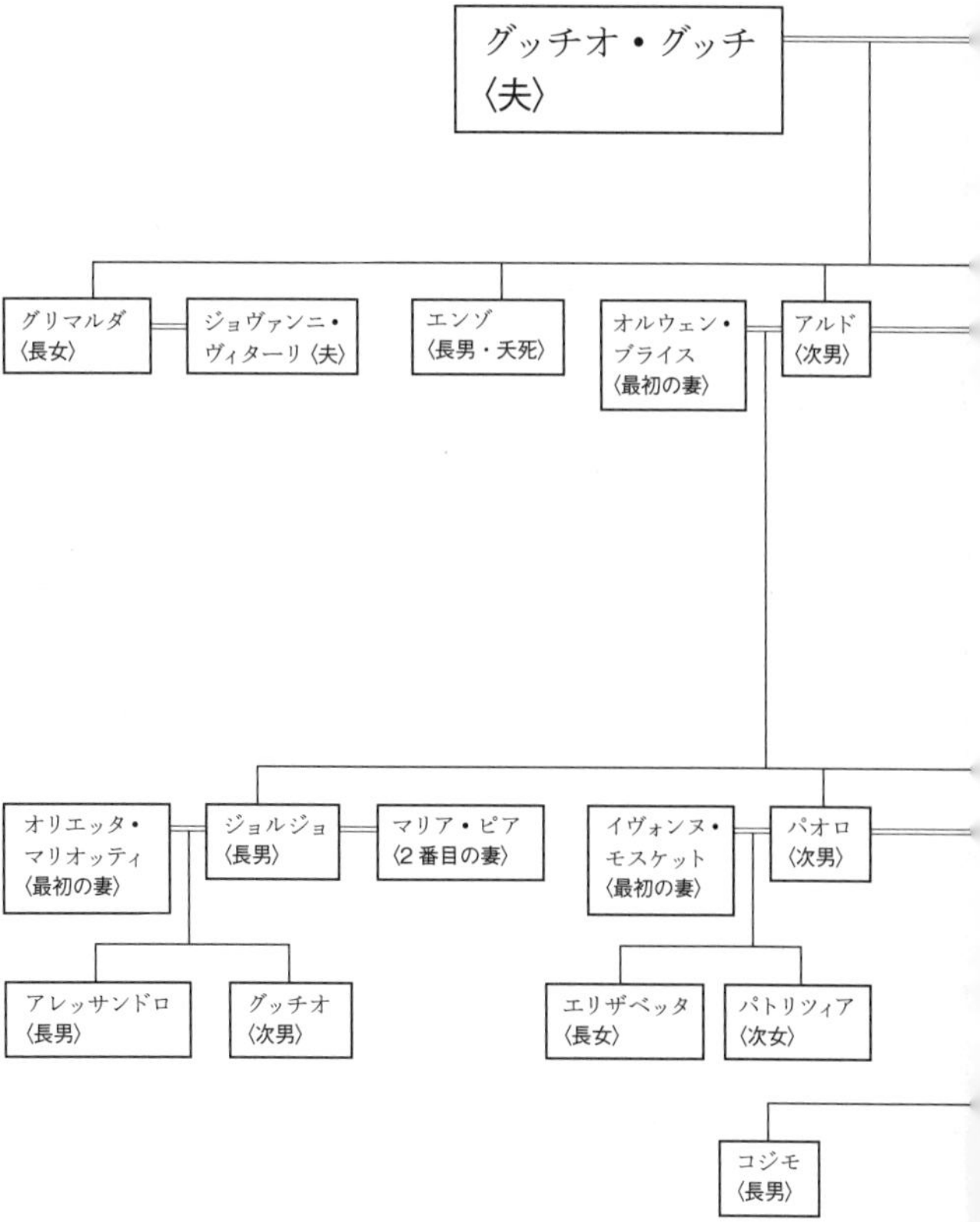

13　借金の山

A MOUNTAIN OF DEBTS

ほかの誰も、アンドレア・モランテさえも気づいていなかったが、グッチ社の財務はしだいに深刻な状態になっており、マウリッツィオ・グッチ個人の負債も何万何千ドルとふくらんでいった。彼は個人的に抱えるばく大な借金のことは誰にもいわないようにしていたが、ついに一九九〇年一一月、弁護士のファビオ・フランキーニに打ち明けた。父がスイス銀行に遺してくれた現金は使い果たし、グッチ社は経営方針転換をはかって必ずや収益を上げるにちがいない、というあてのない予想を担保に金を借りた。クレオール艇の修理やミラノのヴェネチア大通りに自宅用に借りた豪華マンションの内装や、親戚たちとの法的な争いにかかった弁護士費用などを捻出するために個人的な借金も抱えていた。フランキーニは、裁判所からグッチ社に送り込まれて社長代行をつとめていたマリア・マルテッリーニのもとで再建の手助けをし、グッチ社が法的な問題を処理するために雇われた。マウリツィオが社長の座を取り戻したあとも、彼に頼まれてそのまま弁護士として残った。フランキーニは、マルテッリーニが最初にマウリツィオについて言った言葉が忘れられなかった。「マウリツィオ・グッチは富の山の上に座っている」。ところが愕然としたことに、彼が座っていたのは借金の山の上だった。

「私はすっかり面食らいました」。フランキーニはのちにいった。マウリツィオは個人的な負債が四〇〇〇万ドルに上ると認めた。主として借りている先はニューヨークのシティバンクとルガーノのバンカ・デッラ・ズヴィイッツェラ・イタリアーナだ。マウリツィオはフランキーニに、この二つの銀行から返済を迫られているが、どうやって金を集めていいかわからない、といった。グッチ社は赤字で、彼が五〇パーセント握っている株の配当金は望めない。唯一の資産はサンモリッツとミラノとニューヨークに持っている不動産だが、その大半はすでに担保にとられている。マウリツィオは銀行からの手紙も電話も無視し続けていた。フランキーニは、金を貸してくれそうな銀行と起業家を探して融資依頼を続けることから始めた。

その間にも、いっこうに改善されないグッチ社の経営内容がキルダールと彼のチームに重くのしかかり、インヴェストコープ内部での非難の声が高まった。一九九〇年にデパートのサックス・フィフス・アヴェニューをインヴェストコープが一六億ドル以上で買収したことに対し、過払いだという非難がごうごうと押し寄せていたこともあった。一九九一年までにグッチオ・グッチ社はすでに三八〇億リラ、およそ三〇〇〇万ドルの損失を出している。

「紛糾の原因は、グッチ社に投資した人たちがショーメやブレゲにも投資していて、いずれの投資も大成功とはいえなかったことにあります」とインヴェストコープのある前役員はいう。キルダールはビル・フランツをミラノに派遣し、フルタイムでマウリツィオに意見をするようにと命じた。

四〇代後半のビル・フランツは静かに控えめに話す男で、サックス・フィフス・アヴェニューの買収を担当した。人のいうことをよく聞き、わかっていますよという風に禿げ頭で頷きながら、べっ甲ぶちの眼鏡の奥で青い目をきらりと光らせる。切迫した場面でも物静かな姿勢と冷静さを失わず、何回となく修羅場をくぐり抜けたことで培われた肝《きも》っ魂《たま》の太さが身上だった。テヘランでホメイニ政権と交渉し、イラン国王の亡命後どうやって銀行の国営化をはかるかを、穏やかに話し合ったこともある。ベイルートで市街戦のさなかに部下が殺され、彼自身も九死に一生を得た経験もした。

政治学の教授だった父の長男としてチェコで生まれたフランツは、ニューヨーク州南東部ヨンカーズの労働者階級地域で育った。ニューヨーク大学に籍があった父のおかげで学費免除で学位を取り、その後ミシガン大学でMBAを取得した。チェース・マンハッタン銀行で研修を受け、私設のエクイティ・ビジネスの会社、プルデンシャル・アジアの共同創業者となって一九年間働き、それからインヴェストコープに加わった。

フランツの穏やかな物腰の裏には、冒険家の精神とアウトドア・スポーツ愛好家という一面が隠されていた。週末にはライダースーツに着替え、BMWのバイクにまたがって田園地帯を走ることもあり、ときには森林奥深くまで山歩きを楽しみ、ヘリコプターに乗って山頂からスキーで滑り降りることも楽しんだ。インヴェストコープで調整役を買って出るフランツこそ、マウリツィオに警戒心を抱かせずにぴったり張りつき、グッチとインヴェストコープとの関係を立て直すのにうってつけの人物だとキルダールは見ていた。

フランツともう一人、フィリップ・バスコンブというインヴェストコープの役員は、ロンドンからミラノに飛んでグッチ本社の広い会議室でマウリツィオに会った。インヴェストコープから派遣されてきた役員たちは経営委員会を作り、現在グッチが決断を下さねばならないビジネス上の問題についてもっと深くかかわることにした。さしあたって取り組む必要のある項目が一一あった。インヴェストコープの社員で、グッチでマウリツィオの片腕だったリック・スワンソンはいう。

「マウリツィオを攻撃しないようにしながら、経営者としての心構えを持たせようとしたのです。確かに効果はありましたけれど、最終的にマウリツィオ自身が変わらねばどうにもならない。そして彼は変わりませんでした」

「マウリツィオはいつだって、『よしわかった』といって始めるんだが、自分がやりたいことしかやらないんだ」。以前にグッチの総務経理担当部長だったマリオ・マッセッティはいう。「問題があることを否定しているわけじゃないんだが、なんとかなるさと自分にいい聞かすだけで終わってしまう」

夢を実現するためにかかる経費は、当初予測できなかったほど高くつくことにマウリツィオはやっと気づき、最初はフランツを歓迎して、グッチの新しい本社に彼の部屋も作った。フランツは自分のスタイルを守り、包容力のある態度でグッチ社内に溶け込み、問題の大きさと深さをはかることに時間をかけた。だがいったん方針を決めると、挺子《てこ》でも動かなかった。

「私はマウリツィオが好きでしたが、しだいに彼の独断と仕事のやり方に批判的になり、関係は緊張をはらんだものになりました」。フランツはいった。「ビジネスマンとして彼は非現実的で、経営者として無能で、リーダーとしての資質もほとんどないという結論に達しました。このビジネスで彼が成功できる望みはほとんどないし、遠からず債権者たちはわれわれにこの社を委ねることになるだろうと確信したのです」

一九九二年二月、合理化をはかったにもかかわらず、シティバンクはグッチ・アメリカの先行きに赤信号を出し、融資限度額いっぱいの二五〇〇万ドルまで貸した金の返済を求めた。会社の純資産はマイナス約一七三〇万ドルで、売上高は七〇三〇万ドルまで落ち込んでいた。マウリツィオが決めた新商品の価格帯のために、グッチ・アメリカ社はイタリアの本社グッチオ・グッチ社に納入した商品代金を支払えず、給与も事業経費も賄《まかな》えなくなっていた。導入された新価格帯は、ドーン・メローと彼女のデザイン・チームによって打ち出された新しい高品質製品の非常に高い価格も含めて、のちにマウリツィオ、デ・ソーレ、それにインヴェストコープの間で激しい議論を引き起こした。

「カンザスシティでいったいどうやって何千ドルもするハンドバッグを売れっていうんだ！」。デ・ソーレは抗議した。

シティバンクはグッチ・アメリカ社の件にアーノルド・J・ジーゲルという担当をあてた。ジーゲルはドメニコ・デ・ソーレに、銀行はグッチ社の財務に関して二つのことを強く申し入れると通告した。一つは、貸した金が返済されるまでグッチ・アメリカ社がグッチオ・グッチ社に商品代金を支払わないことを要求する。二つ目は、デ・ソーレが引き続きCEOの座につくことを、シティバンクが会社を信用する条件とする。自分の地位が担保になって厄介な状況に引きずり込まれると思ったデ・ソーレは二つ目の条件に抵抗したものの、結局引き受けざるを得なかった。ジーゲルの最後通牒は、二つの会社を経営している二人の男、すなわちデ・ソーレとマウリツィオ・グッチの間の溝をますます深くする原因となった。

同時にジーゲルは、マウリツィオが返済を滞納している個人的な負債の件でも圧力をかけた。融資の担保となっていたのは、マウリツィオとパトリツィアが一九七〇年代はじめに住んでいた五番街のオリンピック・タワーと、のちにマウリツィオが買ったが改装していないアパートの二物件だ。どちらもニューヨーク市の不動産価格が急落したために市場価値が落ち、評価額が返済額を下回っていた。

その間、インヴェストコープはマウリツィオの個人的負債については何も知らなかったが、グッチ社の財務状態があまりにも急速に悪化したために、マウリツィオに会社が直面している危機的状況を理解させようと、簡単な言葉で説明したスライドを作成した。ロンドンに呼ばれたマウリツィオは、インヴェストコープのグッチ担当者たちに囲まれて、ブルック通りの洒落たオフィス内にある会議室に黙って座った。

「厳しい尋問のような雰囲気だったにちがいありません。スーツを着た男たちが少なくとも一〇人はテーブルを囲み、その前でグッチ社の経営状態がどれほど悪化しているかがさらけだされました」。スワンソンはいう。「スライドの最後に結論が映し出されました。『結論：売上を伸ばし、経費を減らす』」

それを見たマウリツィオの目は大きく見開き、立ち上がるとキルダールのほうを向いて大声で笑った。「売上を伸ばして、経費を減らせだと！　そんなことができるならとっくにやってるよ。問題はどうやってそれをやるかだよ！」

「マウリツィオ、きみはCEOなんだ」。キルダールが笑みなどまったく浮かべず、ぴしゃりといい返した。「それをやるのがきみの仕事だろ！」

マウリツィオは事業計画書を持ってあらためてロンドンに来ることを約束した。ミラノに戻ると、価格は忘れても品質は記憶に残るというアルドの金言が書かれた飾り額の隣に、新しい金言が掲げられた。「問題を生む人となるか、それとも解決する人となるか？」

事業計画が提示される約束の日がきたものの、マウリツィオからは音沙汰がなかった。キルダールはミラノに飛んでマウリツィオと話し合った。

「マウリツィオ、これではまったく埒《らち》があかない。業務管理の責任者を入れよう。きみは夢を追いかけているが、会社には経営者が必要なんだ」。キルダールが説得した。

マウリツィオは首を振った。「私を信用してくれ、ネミール。必ずちゃんとやるから」

「もちろん私はきみを信用しているよ。だが現実にうまくいってはいない。私はきみの問題を理解しているが、きみも私の問題をわかってほしい。私は沈みかけたこの船を救わねばならない。会社は多額の損失を出している。私は大金持ちのパートナーではないんだよ。私には投資家たちに対する責任があるんだ」

　その間もフランツは、会社の再建計画を推し進めるためマウリツィオが店舗から引き上げさせた大量の在庫品を発見していた。グッチの倉庫内には古いキャンバス地のバッグをはじめ、大量の素材や皮革が堆《うずたか》く積み上げられ朽ち果てている。

「マウリツィオには売れずに残った在庫品の価値が下がるという考えがありませんでした」とフランツはいう。「古い商品は目が届かないところに押しやって隠しておけば、すでに存在していないも同然だったんです。もちろんバランスシート（賃借対照表）には残りますよ。でも彼の頭の中には残らないんです」

　クラウディオ・デッリノチェンティはそのころスカンディッチで製品部長をしており、マウリツィオの在庫に対する姿勢をよく知っていた。製品を全面的に刷新したときに、マウリツィオはバッグや小物の留金をイエローゴールドからグリーンゴールドへと変えた。ある日フィレンツェでの製品検討会議が開かれたとき、マウリツィオはデッリノチェンティを工場から本社に呼んだ。茶色の髪を手入れせず爆発したような髪型のままにしている冴えない風貌のデッリノチェンティは、マウリツィオがドーン・メローやほかのデザイナーたちと一緒に働いていたデザイン・スタジオに入って、彼ににこやかに挨拶をした。
「こんにちは」。マウリツィオとデザイナーたちとの話が終わるまで部屋の隅で待ってい
た。いつもどおり、コットンのボタンダウンのシャツにジーンズとワークブーツという出
立ちだ。
「やあ、クラウディオ。これから00のゴールドをやめて05のゴールドを使うことにす
るから」。マウリツィオはスタンダード仕様になっている留め金の色に変えることを彼に
あっさりと指示した。
「いいですよ」。デッリノチェンティはどら声で答えた。「だが倉庫にある在庫品はどう
しますか?」
「クラウディオ、どうして私が倉庫の商品を心配しなくちゃいけないんだ?」。マウリツ
ィオは答えた。
デッリノチェンティは黙って頷いて部屋を出て自分のオフィスに帰り、何本か電話をか
けて計算した。一時間もたたないうちに彼は上階にあるマウリツィオのオフィスに戻った。
「製品の中にはグリーンゴールドを染めることができるものもありますが、大半は処理で
きません。少なくとも三億五〇〇〇万リラ(当時の為替レートで三〇万ドル)相当の製品
が処理できないのですが」。デッリノチェンティはいった。

マウリツィオは職人の顔をまじまじと見つめた。「グッチの社長はきみかい？　それとも私かい？　古い製品は流行遅れなんだよ！　そんなものは捨てるなりなんなり、きみの好きなようにするがいい。私にとってはそんなものはもう存在していないんだ！」

　デッリノチェンティは肩をすくめて部屋を出た。

「私は捨てたりしなかったよ」。デッリノチェンティはのちに認めた。「実際、最終的には製品を売ることができたんだからね。現場は矛盾した命令にキレていた。そうやって大金がどぶに捨てられていく一方で、鉛筆や消しゴムまで節約させられ、電話もいちいちチェックされるし、一時期は五時になったら電気を全部切らなくちゃいけなかった」

　フランツはマウリツィオに、古い商品を買ってくれる人を見つけろ、手を貸すから、と強く迫った。そこでやっとある日、マウリツィオが誇らしげに在庫処分できるあてを見つけたといってきた。すべての在庫品を中国で売る契約を交わしたというのだ。全部自分でやるからとフランツに請け合った。

「これまで見たことがないほどうれしそうでしたよ。役員会の連中に、一人でこの問題は解決するから何も心配するなとえらそうに報告していました」。フランツはいった。グッチ社は巨大なコンテナに古い商品を詰めて船で出荷したが、香港の倉庫のどこかでそれはきれいに消えてしまった。商品の代金はもちろん支払われず、契約を仲介した業者に前払い金として支払った八〇万ドルも回収できなかった。インヴェストコープのフランツと同僚たちは、総額二〇〇〇万ドル相当と当初見積られていた在庫品がどこかへ消えてしまったこの騒動で、おさまらない怒りに腸《はらわた》が煮えくり返りそうだった。

「中国との取引が全部おじゃんになったんですよ」。フランツはいう。「これでマウリツィオの約束があてにならないことが証明されました」

数カ月後グッチ社の財務担当、マリオ・マッセッティは香港に飛んで、商品がすでに全部売却されたことを知った。

時間はどんどんたつが、グッチ社の経営には改善の兆しが少しも見られなかった。グッチ社の役員会議はますます対立の様相を深めた。ハンドバッグが飛び交ったりテープレコーダーをつかみあうことはなかったが、フランツをはじめインヴェストコープの幹部たちは、いまやマウリツィオの下した決定に真っ向から反対するようになった。

「あなたはこの会社をどぶに捨てようとしている」。アンドレア・モランテに代わり、一九九〇年にインヴェストコープからグッチ社に役員として加わった、エリアス・ハッラクが詰め寄った。「グッチ社とのいまの関係にわれわれは満足していない。誰もあなたを追い落とそうとか、トップの座から引きずり下ろそうとはしていませんよ。だが、とにかく経験のあるCEOを入れてください。われわれは会社をコントロールしなくちゃいけないんだ」

　仕返しにマウリツィオとグッチ側の役員たちは会議をイタリア語で行おうとし、ますますインヴェストコープ側を怒らせた。

「私はイタリア語を話さない。単語は聞き取れても、会議がどう動いているのかは読めなかった。何を話し合っているのかわからないのには腹が立ちました」

　グッチ社の幹部たちの執事をしているアントニオが、白手袋をはめて泡が立っているカプチーノと濃いエスプレッソをよく磨かれた銀の盆に載せ、にらみあっている男たちに給仕してまわった。

「サンフェデーレのグッチ本社ではミラノ最高のカプチーノが飲める」と役員の一人だったセンカー・トーカーはいった。コーヒーのサービスは、会社の戦略転換という名のもとに垂れ流し状態だった経費の中で、もっとも小さなやり過ぎだったと彼は思い出す。「いよいよ沈もうとしているタイタニック号の上で、シャンパンとキャビアを味わっている状況に近からずとも遠からずってところだったね」

　ある会議のとき、マウリツィオが力の入ったなぐり書きで、隣に座っていたフランキーニにメモを寄越した。

「ダビデがゴリアテ（旧約聖書に登場する巨兵）と闘っている。敵は四人だ。あいつらはゴリアテだ。

がんばれ!!　やつらにひと泡ふかせてやるぞ」

「一触即発のピリピリした空気でした」。トーカーは思い出す。イタリアのみならずヨーロッパ全体のビジネス風土に深い理解がある彼は、インヴェストコープに招かれて会議に加わっていた。「インヴェストコープは、ふつうの投資家ならばさっさと逃げ出していたにちがいない状況にあっても、なお投げ出せなかった。それが問題でした。第一にとどまる以外の選択肢がなかったからで、第二にネミールがマウリツィオのことが好きで彼を傷つけたくなかったからです。第三に誰もが奇跡が起こることを願っていました。なんとか好転することを希望していたのです。すでに破綻している会社をその時点で二億から三億ドルで売れたなら、これ幸いと手放したでしょう。持っているだけでばく大な経費がかかりましたからね」

執行権のない会長職につくとか、面子《メンツ》は保ちつつ経営から外れる道を選ぶようマウリツィオを説得するのにインヴェストコープは一年をかけた、とフランツはいう。

「会社の経営を他の誰かに任せろっていうのか?」」。マウリツィオはいきり立ち、自分の弁護士のファビオ・フランキーニに、会社を買い戻す資金を集めるために、あらためてあちこちに融資の申し入れをするように命じた。

「あの人は侮辱を受けていました」とインヴェストコープのハッラクはいう。

「一対一で話をしたよ」。フランツはいった。「数人で彼を説得もした。ＣＥＯを雇って経営から退くようにといったんだ。最後に彼が出した結論が『きみたちの持ち分を買い取る！』だからね。もし決めた期限までに買い取ることができなかったら、経営者の座を下りると約束した。ところがわれわれの株を買い取ることに失敗したとき、彼はその約束を反故《ほご》にしたんだ。私たちができたことは決済の日を先延ばしすることだけだった」

　グッチは一九九二年の一年間を、セヴェリン・ウンデルマンが払ってくれる時計のロイヤリティ三〇〇〇万ドルのおかげで基本経費や給料を支払い、なんとか生き延びることができた。だが生産に回す金はほとんどなかった。

「私があの会社の生命線だったね」。ウンデルマンはのちにいった。「私は主客転倒で、犬を振り回しているしっぽだったんだ」

　その間もグッチ・アメリカ社がシティバンクの圧力で商品代金を本社に送金できなくなっていたために、グッチ社は行き詰まっていた。グッチ社はただちに増資の必要があったが、マウリツィオには株を発行する資金はなく、結果的に自分の支配権を脅かされることになるため、インヴェストコープに増資してもらうこともできなかった。

「マウリツィオはインヴェストコープに金を貸してくれと頼みましたが、われわれとしてはそれを望まなかった」とハックラクはいった。「会社の財務を考えるとそれは健全な方策とはいえないし、すでにわれわれは、マウリツィオにはグッチを収益性のある企業にする能力はないと見限っていました。つまり彼に貸した金が回収できる保証がまったくなかったってことです」

喉から手が出るほど金が欲しかったマウリツィオは、まだ自分に忠実だったデ・ソーレに泣きついた。すでにデ・ソーレはB・アルトマンの買収で得た金を、いろいろな名目で四二〇万ドルもマウリツィオに個人的に用立てていた。娘の教育資金と自分たち夫婦の老後のために貯めていた虎の子だ。いよいよあてがなくなったマウリツィオがすがりついてきたとき、デ・ソーレはもう自分も蓄えがないのだといった。マウリツィオは、それならグッチ・アメリカのバランスシートを操作して金を捻出してくれと頼んだ。

「そんなことはできないよ、マウリツィオ！　面倒なことになるに決まっているじゃないか！」。デ・ソーレは抵抗した。だがマウリツィオは懇願した。ついにデ・ソーレはつぎの決算までに必ず返すという条件で八〇万ドルを融資し、しぶしぶ彼に貸した。だが期限がきてもマウリツィオが金を返してくるはずもなく、デ・ソーレは自腹を切ってグッチ・アメリカから借りた金の穴埋めをせざるをえなかった。

破れかぶれになったマウリツィオは、一九九三年にこっそりと安物のキャンバス地のバッグや小物類をフィレンツェで生産し、極東の並行輸入業者に売る取引をまとめた。

「グッチ・アメリカが商品代金を支払ってこなかったとき、われわれは流動資金の問題を抱えてしまいました。素材供給業者に支払う金もなかったんです。そこでマウリッツィオからの命令で、昔グッチ・プラス社が作っていたコレクションの生産を再開しました」。クラウディオ・デッリノチェンティはいう。「キャンバス地バッグを何万何千個と作りました。全部古いスタイルでね」

「この苦境を乗り越えなくてはならない、そうすればきっとビジネスは好転するとマウリツィオはいいました。月五〇〜六〇億リラ（三〇〇〇万ドル）を稼いでいましたが、その大半は旧コレクションの売上だったんです。いわゆる『社内並行ビジネス』と呼ばれるやり方で、多くの会社がやっていたことですよ。おかげで数カ月はなんとかしのげました」。デッリノチェンティはいった。

「何がしかの現金を作り出すために、あれほどこだわっていた会社の基本戦略をマウリッツィオ自身があっさり踏みにじったのにはあきれましたね」とフランツはいう。「一九九〇年に強行に打ち切った製品の生産を再開して、安物のプラスチックでコーティングしたキャンバス地のロゴ入り製品をせっせと作ったんです。倉庫にはすぐに在庫があふれました」

そうこうするうちに、グッチUK代表取締役のカルロ・マジェッロが、創業以来最大の売上を記録した。ある日マジェッロは、オールドボンド通り二七番地にあるグッチの店で、クロコダイル革のグッチのバッグとブリーフケースを買い求めたいという、きちんとした身だしなみの物静かな紳士を迎えるために、上階のオフィスから急いで下りてきた。

「クロコダイル革の商品は、もう何十年も店頭に置かれたままになっている高額品でした」とマジェッロはいう。その顧客は同じ素材のものをセットでいくつか買いたいといったがあいにく店には在庫がなく、彼は急いで電話をかけて一セットをなんとか調達した。品のよい客はとても喜び、マジェッロが仰天したことにすぐに真紅から深緑まで思いつくかぎりの色で二七セットも注文したのである。総額一六〇万ポンド、およそ二四〇万ドルにのぼる買い物だ。その客はブルネイ王国の国王で、親戚全員に一セットずつ配りたいようだった。

「イタリアに注文を送ると、こういってきました。『カルロ、クロコダイル革を買う金がないんだ』。そこで私はその客に頼んで一〇パーセントの前金をもらいました」。マジェッロはいった。だが前金は革を買うためではなく、従業員の給料の支払いに消えた。そこでマジェッロはまたもや奔走し、フィレンツェの従業員に頼んで倉庫の中を探してとりあえず二〜三セットを作れるだけの革を見つけ出させ、まずはそれを納入してつぎのセットを作るための資金を得ることにした。なんとか革の調達はでき、注文は全部納品され、給与の支払いも終わった。

一九九三年二月、ドーン・メローはニューヨークで軽い手術を受け、仕事でアメリカに来ていたマウリツィオはレノックスヒル病院に入院していた彼女を見舞った。「ベッド脇に座って手を握り、『何も心配することはないよ、ドーン。全部うまくいくから』といってくれました」。メローは思い出す。「とてもやさしくて、私はすっかり安心し回復が早まった気がしました」

ところが三週間後にミラノに戻ると、マウリツィオは冷たくなっていた。「私に話しかけようとしないんです」とメローはいう。「何かが起こったんですね。私があの人に反対する立場にいると思ってしまったの」。いったい何がいけなかったのか必死に考え、話をしようとしたが、マウリツィオは彼女を避けた。そのうちに二人は本社ビルの中で出会っても挨拶もかわさなくなり、蜜月時代を知っている社員たちはあまりの変わりように目を見張った。ロドルフォ、パトリツィア、モランテと事情はそれぞれちがっても、自分も彼らと同じくマウリツィオのお気に入りリストから外れてしまったことをメローは知った。「マウリツィオはその性格で、まるで太陽が惑星を引きつけるように人を引き寄せます。でもあまりに近づきすぎた人を彼はぼろぼろにして捨てる」。マリオ・マッセッティはいった。「彼とのつきあいでは近づきすぎないように気をつけなくてはならない」

コンサルタントとして雇ったファビオ・シモナートを新しいお気に入りにしたマウリツィオは、グッチの諸悪の根源はメローにある、とくにマスコミの悪評は彼女がジャーナリストに会社の問題をもらしているからだ、とおおっぴらに非難し始めた。マウリツィオはまた、彼女が自分の命令を軽視し、彼が浸透させようとがんばっているグッチの伝統を尊重しない方向でデザインしていると攻撃した。金を使いすぎると文句もいった。だが最初にワインと豪勢なディナーで彼女を接待し、私用ジェット機での出張を手配し、マンションやオフィスを彼女が満足する内装にさせたのは彼のほうだ。

「最初マウリツィオは私に非難の鉾先《ほこさき》を向けていた」とデ・ソーレはいった。「だが製品のことで私に文句をいえないから、自分が抱えている問題をすべてドーンのせいにした」

マウリツィオはまもなく、ドーン・メローに率いられたデザイン・チーム全員が、自分と自分が考えているグッチの理想像に逆らって仕事をしていると思い始めた。メンズ・コレクションでデザイン・チームが打ち出した真っ赤なジャケットを、マウリツィオはグッチのイメージにまったくそぐわないと考え、うまくいかないすべての象徴のようにあしざまにののしった。

「まともな男がこんなジャケットを着るもんか!」。彼は嘲笑し、発表させなかった。

イタリアのデザイン・チームの給与支払を停止し、デ・ソーレには、グッチ・アメリカが給与を支払っているトム・フォードと数名のデザイナーを首にしろと命令してきた。デ・ソーレ個人用のではなく、オフィスの真ん中にあるファックスから吐き出されてくる命令書を見たグッチ・アメリカの従業員たちは、全員が啞然とした。

「すぐにインヴェストコープに電話をかけて、ファックスのことを報告した」とデ・ソーレはいう。「それからファックスを送り返して、われわれはデザイナーたちを首にすることはできないといった。どうかしてるよ！　みんなつぎのコレクションに取りかかっているんだよ。マウリツィオのやることはいよいよ支離滅裂になったと思った」

同じころトム・フォードは、マウリツィオとインヴェストコープの関係悪化が自分の評判を傷つけ、別の仕事を見つけるチャンスをつぶしかねないと見て、魅力的な条件を提示してくれたヴァレンティノに移ることを考えていた。

時代遅れの観は否めなかったが、ヴァレンティノはまだファッション界で羨望を集めるトップブランドの一つだったし、婦人服ではクチュールと既製服の両方のコレクションをパリで発表し、若者向け市場を狙ったメンズウェアをはじめ、アクセサリーや香水などすべてのアイテムを網羅して展開し、ビジネス面でも好調だった。

グッチで一年間働くうちに、経営環境の悪化にともなってデザイン・スタッフがぼろぼろと辞めていってしまうため、フォードが抱える仕事はどんどん増え続けていた。その時点で彼は、グッチの一一もの製品ライン――服、靴、バッグ、アクセサリー、鞄とギフトを含む――のすべてを、残った数名のアシスタントを使いながら、たった一人でデザインしていた。ほとんど睡眠も取れないほどフォードは働いていた。だが疲れていたものの、自分がすべてをコントロールする仕事のやり方が気に入ってもいた。

ローマのヴァレンティノのオフィスを訪ねたあと、ミラノに帰る飛行機の中でフォードはじっくり考えた。彼にグッチで働くチャンスをくれ、やりがいのある仕事で能力を発揮する場を与えてくれたドーン・メローのことを思った。グッチ社内で風当たりが強まり、先行きが見えない中で、ここ数カ月間二人はまるで身を寄せ合うようにやってきたために、かえって角突き合わすことも多くなっていた。

だがグッチ本社に戻ってメローのオフィスに入ったフォードは、唇を噛みしめて、覚悟を決めた顔で彼の言葉を待ち受けているメローの表情を見たとき、きっぱり言った。

「ぼくは辞めないよ。あなた一人をこんな修羅場に残したまま出て行くわけにはいかない。われわれには発表すべきコレクションがある。さあ、仕事に戻ろうじゃないか」

二週間後に迫った秋冬コレクションの発表に向けて、フォードとアシスタントは不眠不休で仕事をしたが、グッチの管理部門は素材供給や時間外手当の支給を渋った。メローはデザイン・スタッフに、波風を立てないように裏口から出入りするよう頼んだ。

「マウリツィオは、トムがグッチの製品すべてを一人でデザインしていて、会社は三月に製品を発表せねばならず、それなのに素材を手当てすることもかなわない状況で、ショーなど開けそうにないことなど少しも理解していませんでした」とメローは当時を振り返る。彼女はロンドンのマジェッロに電話をかけ、ブルネイ国王から支払われた金を回してもらえないかと頼んだ。マジェッロが金を送ってきたおかげで、素材が手当てでき、イタリアのデザイン・スタッフの給与がやっと支払えた。

グッチは素材供給者への支払いも一八〇日から二四〇日も滞《とどこお》っていた。ハンドバッグをはじめとする製品は、素材の手当てがついたときにぽつりぽつりと生産し発送するだけになっている。ある朝、いらだった素材供著たちがスカンディッチ工場の正門前に集まり、マネージャーの出社を待ち受けた。

守衛が自宅にいたマリオ・マッセッティに電話をかけ、あなたに会わせろと怒った人たちが詰めかけているのでこちらには来ないほうがいいと忠告した。だがマッセッティは出かけた。

「供給者は私を見ると取り囲みました」とマッセッティはいう。「一触即発の緊迫した状況になっていたけれど、私が顔を出さないわけにはいかなかった。私はそこにいたみんなと仕事をしてきたんだ。あの人たちが頼りにできるのは私しかいない。必ず支払うからと彼らをなだめるしかなかった」。下請け業者は、かつてはグッチに対して官庁並みに安心して信頼を寄せていたのだが、いまやその評判も地に墜ちた。マッセッティは銀行に融資枠の拡大を求め、受注予定額をはるかに超えた金を借りようとした。そして素材供給者に対する支払い計画を立てた。フランツはそんなマッセッティを、堤防の決壊を食い止めようと身体を張っている小さな少年のようだと思った。ひたすら耐えて、自分ができることを精一杯やっていることに感心した。

返済期限を繰り延べようとするマウリツィオの試みも、一九九三年はじめにシティバンクとズヴィツェッラ・イタリアーノ銀行が制裁措置を取ったことで、にっちもさっちもいかなくなった。二つの銀行はスイス司法当局に対し、マウリツィオ・グッチの個人的負債の滞納に対する措置として、資産の差し押さえを請求した。第三の銀行であるクレディ・スイスも、担保に取っているマウリツィオのサンモリッツの不動産の保有権を申し立てた。銀行は、マウリツィオが住民登録しているスイスの州の地方裁判所に、この請求を提出した。ジャン・ザノッタという司法官が、マウリツィオ・グッチのすべての資産差し押さえ請求に対応した。サンモリッツの別荘、スイスの受託会社フィディティナム所有となっているグッチ社の五〇パーセントの株の差し押さえである。返済期限は五月はじめと設定され、そのときまでに返済されないのならば、四〇〇〇万ドルにのぼる銀行への返済のためにマウリツィオ・グッチの資産は競売にかけられるとザノッタは通告した。

インヴェストコープが競売の話を知ったとき、フランツ、スワンソンとトーカーはミラノまでマウリツィオに会いに出かけ、最後の提案をした。四〇〇〇万ドルの負債の返済を肩代わりすることと、グッチの株を五パーセントにつき一〇〇〇万ドルで買い取ることである。彼らはマウリツィオに四五パーセントの株保有者として会長職にとどまっていてもいいと申し出た。ただしプロのCEOに会社の経営権は渡す。提案を聞き終わったマウリツィオは礼を述べ、申し出についてよく考えるといって部屋を出て行った。

マウリツィオはフランキーニのオフィスに行って、弁護士にインヴェストコープからの最新の申し出を伝えた。「私は自分の会社のお客さまになるつもりはない！」。彼はフランキーニにいきまいた。昔から相談相手だった運転手のルイージ以外で、心を許して話せるのはフランキーニしかいない。「どうしたらいい？」。彼はフランキーニのオフィスを動物園の熊のように行ったり来たりしながら相談した。

マウリツィオはこれまでの人生でこれほど追いつめられたことがなかった。青ざめてがっくり肩を落とした彼には、魅力的で情熱があふれ、自分の夢に多くの人を引き込んだころの面影はどこにもなかった。不機嫌にふさぎこみ、怯えて小さくなっていた彼は、サンフェデーレの廊下で社員に会うことさえ避けるようになっていた。ルイージはどこに行くときも彼に付き添い、マウリツィオの身を案じたが、彼にはどうすることもできなかった。「あの方は日に日にやせていきました」とルイージがいった。「上のオフィスに上がられるたび、窓から身を投げてしまわないかと恐れていました」

彼はしょっちゅうオフィスから姿を消し、携帯電話の電源も切り、ガッレリア・ヴィットリオ・エマヌエーレのショッピングアーケードの中にあるお気に入りのカフェで、心霊師のアントニエッタ・クオモに会っていた。観光客や学生たちでごったがえす中にまぎれこみ、カプチーノやアペリティフをすすりながら彼はアントニエッタに悩みを打ち明けた。彼女の本職は美容師で、素朴な肝っ玉母さん風な人柄だった。本職のかたわら彼女は自分の霊感を認めてくれる特別な顧客に会っていた。

「仮面を外しなさい、マウリツィオ」と彼女は毎回会うたびにいった。「彼が心を開くのは私しかいませんでした」と彼女はのちにいった。

「われわれはもうどうしようもないところまで追いつめられていた。絶望なんてものを通り越していたよ」。フランキーニは当時を振り返る。イタリアとスイスのおもだった銀行にはすべて打診した。テレビ界の大物から当時のイタリア首相、シルヴィオ・ベルルスコーニや、当時はあまり有名でなかったが、ミウッチャ・プラダの夫でわずか数年間でプラダを飛ぶ鳥を落とす勢いのブランドに育て上げた、建築家のパトリツィオ・ベルテッリにも融資を頼みにいった。だが一九九二年当時「ベルテッリは銀行に二〇〇〇億リラも預けていなかった」とフランキーニはいう。誰もマウリツィオを助けることができなかった——もしくはその気がなかった。

一九九二年五月七日金曜日午後七時、ヴァレンティノの強烈で甘ったるい香水がミラノのファビオ・フランキーニの天井の高い弁護士事務所に漂い、黒髪をぴったりとなでつけ、ミニスカートに網タイツをはいた化粧の濃い大柄な女性を秘書が招きいれた。かつかつとピンヒールの足音が大理石の長い廊下にこだました。かつてマウリツィオとパトリツィア二人の顧問弁護士だったピエロ・ジュゼッペ・パロディが彼女のあとに従っていた。二人はフランキーニに挨拶して、勧められるままに広々とした会議室の椅子に腰かけた。彼はパロディと面識があったが、パルミジャーニと名乗る女性は知らなかった。フランキーニはたぶんそれは彼女の本名ではないだろうと思った。

「実はマウリツィオ・グッチをお助けする件でまいりましたの」。パルミジャーニはそういって、信じられないという表情で身を乗り出したフランキーニを見つめた。マウリツィオのための金策に何カ月も走りまわっていた彼には、にわかに信じがたいひと言だった。パルミジャーニはあるイタリアのビジネスマンの代理でやってきたといった。その人は高級品を日本に販売する仕事で成功を収めている。名前は「ハーゲン」としかいえないが、マウリツィオがグッチ製品を極東で販売する権利を与えてくれるなら、五〇パーセントの株を買い戻すための資金を喜んで出したいといっている。

　フランキーニはパルミジャーニと翌朝も、そして日曜日の夕方五時にも会って、取引の詳細を詰めた。その過程でフランキーニは、「ハーゲン」というのはデルフォ・ゾルジというイタリア人で、事件を起こして危険なネオファシストとして起訴され、一九七二年に日本に逃亡した人物だと知った。ゾルジは一九六九年ミラノのフォンターナ広場を爆破し、死者一六名、負傷者八七名の惨事を引き起こしてイタリアの官憲に指名手配されていた。この爆弾事件は、七〇年代にイタリアを混乱に陥れた一連の暴力事件の始まりだった。暴力的な極右ネオファシストが、イタリアを右傾化させることを狙った「緊迫作戦」と呼ばれるテロ事件だ。ゾルジは当時二二歳のナポリ大学生で、爆弾事件にはかかわっていないと犯行を否認していたが、有罪となった二人のテロリストたちが彼の車のトランクに爆弾を載せて犯行現場まで行ったと供述したことで起訴された。裁判は二〇〇〇年に、ミラノのサンヴィットーレ刑務所の下にある地下法廷で開かれた。

　ゾルジは日本で、沖縄を代表する政治家の娘と結婚し、ヨーロッパに着物を売る商売を始めた。すぐにヨーロッパと極東地域の高級品の輸出入を多角的に行うようになり、ファッション業界では在庫品処分が必要なときに助けてもらえる有名人物になった。

「誰もそうはいわなかったけれど、ゾルジはファッション業界のサンタクロースだと見なされていました」とミラノファッション業界でコンサルタントをやっているある人物はいう。「彼は古い在庫品を全部持っていってくれ、その上いい金を払ってくれるんです」

フランキーニはマウリツィオと一緒に調べた結果、グッチ社がすでにゾルジとかかわりを持っていたことがわかった。一九九〇年、イタリアの官憲がグッチも含むデザイナー・ブランドの偽物が大量に輸出されている件を調べたとき、ゾルジがイタリア、パナマ、スイスと英国の会社を使って、偽造品と古い在庫品の両方をイタリアから極東地域に大量に売りさばく販売網を巧みに作り上げていたことが判明した。億万長者になったゾルジは東京でこっそりと贅沢な暮らしをおくっていた。マウリツィオがインヴェストコープとの闘いで時間稼ぎのためにひそかにキャンバス地製品をまた作り出したとき、彼はゾルジの販売網を使って商品を売る取引をかわしていた。

五月一〇日月曜日、マウリツィオ、フランキーニとパルミジャーニは一〇時にルガーノで会った。マウリツィオの株を所有している受託会社のフィディナムと、ゾルジの業務を執り行っている会社が両方とも偶然ルガーノにあったからだ。フィディナムは七〇〇万ドルの利息と、ゾルジに極東でのグッチの販売権を与えるという契約書と引き換えに、三〇〇〇万スイスフラン、およそ四〇〇〇万ドルをマウリツィオ・グッチのために借りた。書類はきちんとした形で正式にはまとめられなかった。

正午前にフランキーニは三〇〇〇万スイスフランをスイスの裁判所執行官のジャン・ザノッタに渡し、マウリツィオ・グッチは差し押さえを解かれて資産の所有権を取り戻した。「なんとも危ない橋を渡ったもんです」。のちにフランキーニはいった。「なんのかんのいっても、あの人たちは約束したことはやってくれたんです」。ゾルジと彼の仲間についてそういった。「最終的に私は、債務不履行になった場合には株を渡すと約束した手紙を一通、あの人たちに担保として渡しただけで、彼らに株そのものを渡したわけじゃない。それではインヴェストコープとの契約を破ることになったでしょうからね」

インヴェストコープ側のスイスの弁護士はマウリツィオの資産を競売にかける準備をしていたが、マウリツィオが個人の負債を返還して株を取り戻したと聞いて即座にロンドンに連絡した。

信じられない思いでフランツとスワンソンはミラノに急いだ。磨きこまれた木のパネルが張られたいつもの会議室で待たされた。勝利の味をたっぷりと味わいたかったマウリツィオは、少なくとも三〇分は彼らを待たせてから部屋に入った。以前の元気いっぱいの情熱的なマウリツィオに戻っていた。

「リック、ビル、会えてうれしいよ！」。マウリツィオは一番愛想のいい笑顔で挨拶した。

「それじゃ聞いたんだね?」。満面の笑みを浮かべて彼はいった。「きみたちはあちこちにスパイを忍ばせているからね」

マウリッツィオは執事のアントニオを呼んで全員に熱いお茶をふるまった。フランツが紅茶茶碗を置いて深呼吸をした。

「マウリッツィオ、いったいどこで金を調達したんだ?」

「ビル、まったく信じられない話なんだよ」。マウリッツィオは目をきらきらさせていった。

「サンモリッツである晩いろいろ考えて、どうしたらいいだろうと悩みながらやっとうとうとしたときに夢を見たんだ」。フランツとスワンソンは夢がいったいどうしたんだ、とぽかんと彼を見つめた。

「そしたら父が夢に出てきて、『マウリッツィオ、このバカものが。おまえの問題を解決するものは客間にある。窓のそばに床板が一枚ゆるくなっているところがあるから、それを上げるといい』といったんだ。そこで目が覚めてゆるくなっていた床板を外したら、信じられないことにそこにはびっくりするほどの大金が隠されていたんだ! 欲張っちゃいけないからね、自分の株を買い取る分だけそこから取った」。マウリッツィオはうれしそうにスワンソンとフランツを交互に見つめ、一人で自分の話に悦に入っていた。

インヴェストコープの二人の幹部は椅子の背もたれにがっくりと身を預けた。二人はマウリッツィオを動かす力を失ったばかりでなく、彼に愚弄《ぐろう》され、しかもそれをおもしろがられている。どこで金を調達したのかは教えない、それはおまえらにはなんの関係もない、ということを彼なりのユーモアで伝えている。インヴェストコープからお情けで金を貸してもらう必要がなくなった、といいたいのだ。

「それはよかったね、マウリッツィオ」とフランツが凍りついた笑みを浮かべ、青い目を眼鏡の奥できらりと光らせた。「本当によかった」

フランツはのちにいった。「みぞおちに一発食らったみたいだったよ。やっと突破口が開いた、マウリッツィオから権力を取り上げるチャンスがめぐってきたと思ったら、そんなことを聞かされてただ黙ってにやにやしているしかなかったんだ。あのときはっきりと、もう戦争しかないと決意したね」

フランツとスワンソンはロンドンに戻り、暖炉の前でキルダールに話を聞かせた。キルダールのふだんは穏やかな緑色の目が冷ややかになった。今回はマウリッツィオではなく、キルダールが怒りをあらわにした。

「われわれをバカにしている！」。腹立たしげに彼はいった。「われわれが弱い立場に立っていると思い、もう敬意を払うつもりがないんだ」

「マウリッツィオがネミールに敬意を示さないというのなら、もうぐずぐず迷う必要はありません」。ビル・フランツはいった。「ネミールが交渉を打ち切って実力行使に出ると決めたとき、彼は誰も容赦しない冷徹な戦士になります」

キルダールは、「赤髭の悪魔」とすでにマウリツィオを恐れさせていたボブ・グレイザーを、連休となる九月最初の週末にニューヨークからロンドンに呼び寄せ、最優先事項としてグッチの問題を解決する担当者に任命していた。

「ボブ」と彼はいった。「きみはマウリツィオが唯一恐れる人物だ。彼を追い出すためにきみの力が必要だ」

　連休の月曜日、彼はインヴェストコープでグッチの件を担当するグレイザー、エリアス・ハッラク、ビル・フランツ、リック・スワンソンとインヴェストコープの顧問弁護士であるラリー・ケスラーを自分のオフィスに呼び、厳重に指示を与えた。

「きみたちはこの問題を解決するまで、一日二四時間、ほかのことはすべて投げ打って全力で事にあたってくれ。いいか、何よりもこの問題が最優先だ」。キルダールは緑の目にぐっと力を込めた。「われわれはマウリツィオからグッチを救い出さねばならない」

　グレイザーは上司をじっと見つめ返した。「わかった、ネミール。私たちはやりますよ。でもあなたにもぎりぎりまでがんばってもらわなくてはなりません。積極的にわれわれを支援していただかなくては。マウリツィオはこちらを告訴するでしょう。メディアでわれわれのことをあしざまにののしるでしょう。それに倒産寸前まで会社を追い込むことも考えられます。こちらにもすべてを賭ける覚悟があることを彼にわからせてやらなくてはなりません。それくらい肝を据えていかねば、この方針を貫くことはできません」

キルダールは苦しげだがきっぱりと決断した表情を浮かべて頷いた。

四人の男たちはインヴェストコープの地下に「作戦本部」を設置して、机と椅子、それに会議用のテーブルや椅子、キャビネットとグッチに関する法的、歴史的な資料を全部詰めた段ボール箱を運び込んだ。最高クラスの弁護士を雇い、高額料金の調査会社に依頼して、マウリツィオがどこから金を調達したのか調べさせた。

「参謀」が書類と格闘している間に、大西洋の両岸で見守っている人たちを驚かす動きがあった。マウリツィオが先に戦いの火蓋を切ったのだ。フランキーニは本社のグッチオ・グッチに対し、未払いになっている商品代金をグッチ・アメリカは何がなんでも支払うべきだと考え、グッチ・アメリカを訴えて六三九〇万ドルを請求した。自分の会社を訴えるなんて頭がおかしくなったのではないかと多くの人が考える中、フランキーニはイタリアの法律に基づいて、企業のトップに立つものは会社の利益を守るためには、たとえ子会社を訴えてでも、ありとあらゆる手立てをつくすべきだと主張した。

ボブ・グレイザーの見方は少しちがった。「アメリカの会社からしぼり取れるだけ取ってやろうとしているのだ、と見ていました」。グッチ・アメリカが請求されたものを支払うことができなければ、マウリツィオは子会社の資産の所有権を請求するだろう。つまりグッチ・アメリカからグッチの商標管理権と五番街のビルの所有権を取り上げるつもりだろう、というのが彼の見方だった。

グレイザーは、なぜグッチ・アメリカがそれほど多額の負債をグッチオ・グッチに負うことになったのか、その原因を究明するために役員会を招集した。グレイザーはマウリツィオを含むグッチ側の四人の代表者と、インヴェストコープ側の四人を前に切り出した。

「グッチ・アメリカの負債はどうしてここまでふくらんだのか、それがどうしてもわからない」。グレイザーは切り出した。「アメリカの会社法では、役員会の出席者には株主の利益を守る義務がある。経営陣はちゃんと仕事をしているのか？　私は調査を請求する」

マウリツィオはグレイザーを唖然と見つめた。これほどまで手厳しく非難されるとは夢にも思っていなかったし、インヴェストコープでもっとも手強い敵「赤髭の悪魔」だって本当のところは自分の味方だと思ってきた。グレイザーは調査を主張し、役員会は、グッチ・アメリカの本社に対する五〇〇〇万ドル以上にのぼる未払い金について調査する小委員会の長に彼を任命した。任命されたことで、グレイザーは会社の記録すべてを自由に閲覧できることになった。報告書を完成させると、彼は一九九二年当時、本社のグッチオ・

グッチが過去数年間にわたってばく大な経費をまかなう目的で、意図的に不当に高く商品価格を設定し、それをグッチ・アメリカに請求していたと結論づけた。

「グッチ・アメリカがグッチオ・グッチに負っている負債は、法的に借金とは見なされない」とグレイザーはいった。グレイザーは、本社のこの価格戦略がグッチ・アメリカの財源を徐々に枯渇させる目的で意図的に設定された信用詐欺《さぎ》に等しいものだ、と信じていたが、その説はあたっていないだろう。むしろイタリアの本社を借金漬けから救おうとする、マウリツィオの必死のあがきだったと見るほうがあたっている。いうまでもなく、グレイザーの報告書はグッチ・アメリカがグッチオ・グッチの訴えに対抗するための重要な事実をたくさんもたらした。

会社を維持していく金を捻出するために一生懸命だったマウリツィオは、セヴェリン・ウンデルマンとの取引を目論んだ。ウンデルマンはグッチに、使用期限が一九九四年五月三一日で切れる時計ライセンスをあらためて長期間延長するため、まとまった金額を支払うことで同意していた。だがインヴェストコープのグッチ担当者たちは、青息吐息のグッチ帝国にあって、唯一現金収入が見込める時計ビジネスを長期契約にしてしまうことは、事実上手離すに等しいと反対していた。

グッチ・アメリカの役員会が開催される数週間前、その会議でマウリツィオが出してくるであろうウンデルマンとの取引の件について、リック・スワンソンはドメニコ・デ・ソーレに電話をかけて、自分たちの側について契約には反対票を投じるようにと迫っていた。デ・ソーレがインヴェストコープ側につけば、マウリツィオは役員会の支配権を失うことになる。

「ドメニコ、リックだ。はっきり聞かせてくれ。われわれはきみを信頼していいんだな」

「リック、ちゃんとわかってくれるのはきみだけだ」。デ・ソーレはニューヨークのオフィスから電話で伝えた。「この会社は三歳の子どもに好きなようにやられてしまっている。これじゃつぶれてしまうよ。私を信頼してもらっていいよ」

スワンソンはしつこくまた電話で確認した。

「ドメニコ、これは本当に重要なことなんだ。われわれはきみを信用していいんだな？」

「ああ、もちろんだよ！」。デ・ソーレは答えた。「大丈夫だ」

一九九三年七月三日午前。フランツはデ・ソーレを、ミラノのフォーシーズンズ・ホテルにあるダイニングルームの個室で開いた秘密の朝食会に招いた。ボブ・グレイザー、エリアス・ハッラク、リック・スワンソンとセンカー・トーカーがテーブルを囲んだ。

全員が、契約に反対票を投じるかどうかをデ・ソーレにもう一度確認した。

「いいかい、私は現状のままだと会社はつぶれると肌で感じているんだ」とデ・ソーレは緊張の面持ちで見つめているインヴェストコープの経営陣を見渡しながらいった。「何か手を打たないと、確実にこの会社は倒産する」

「もしきみがマウリッツィオに反対の立場をとるのなら、われわれはどこまでもきみを支援するから」。デ・ソーレの目をのぞき込んでハッラクがいった。

「マウリッツィオはこれまで以上にドメニコを憎むだろう」。スワンソンが口をはさんだ。

彼は出席者たちに、デ・ソーレが過去四年間に二回にわたって合計四〇〇万ドルを個人的にマウリッツィオに貸している上に、彼に頼まれてグッチ・アメリカから貸した八〇〇万ドルも自腹を切って穴埋めし、その金が戻ってくる可能性が低いことを説明した。彼がインヴェストコープ側についたらその金が返済される見込みはまずなくなる。

「インヴェストコープを代表して、私はこの件に関して最善を尽くして交渉にあたり、きみにその金を必ず返済させることを誓うよ」。ハッラクがいった。

数時間後、グッチ・アメリカの役員たちはいつもの会議室ではなく、マウリッツィオのオフィスに集まった。会議が真っ二つに割れて対立することを予想したマウリッツィオが、少し友好的な雰囲気になって、しかも自分のデスクから座を仕切ることができるようにと考えてその場を選んだのだ。執事のアントニオを手招きして、カプチーノの注文をとるように命じた。

グレイザーにはまだ会ったことがなかったマリオ・マッセッティがデ・ソーレに、赤髭の男は誰かと聞いた。

「あれがボブ・グレイザーだよ。マウリツィオがインヴェストコープで心底恐れているただ一人の男だ」

会議は、一九九二年に売上高が七〇二〇万ドルまで落ち込んで、一七四〇万ドル相当の損失を出したグッチ・アメリカの業務内容をめぐる議論で幕を開けた。ボブ・グレイザーは噂どおりの手強さで、つぎつぎと厳しい質問を投げかけてデ・ソーレを驚かせた。

「あなたがグッチ・アメリカという会社を経営しているわけですね」

「ええ、そうです」。いきなりの質問に、デ・ソーレはびっくりして答えた。

「それであなたの目から見ていかにも高すぎる価格の製品を渡されたらどうしますか？」

「私にはどうすることもできません」。デ・ソーレは答えた。「ずっと苦情をいってきました。われわれは親会社のために運営されている子会社で、親会社は一度だってわれわれを助けてくれませんでしたから。あなたがたもいつだって、マウリツィオに黙って従ってきたじゃないですか」。デ・ソーレは激しい口調でいった。

マウリツィオはいきりたった。「それじゃきみは、グッチ・アメリカが製品に対して過払いだったといいたいのかい？」といい返した。

「そうです。何年もそういい続けてきたじゃありませんか！」。デ・ソーレもやり返した。「あなたは経費を穴埋めするために、グッチ・アメリカに過剰請求している。この本社ビルを見なさい！　こんな建物がどうして必要なんです？」

マウリツィオはグレイザーの挑発にも驚いたが、デ・ソーレの主張には動揺が隠せず、椅子から飛び上がるように立ち上がると、今後二〇年間にわたって時計のライセンス更新料として二〇〇〇万ドルをグッチに支払う、というウンデルマンとの契約について役員たちが議論している間、デスクの後ろを行ったり来たり歩き回った。

いよいよ多数決で決定する時間になり、デ・ソーレは契約締結反対のほうに挙手した。怒りと衝撃で蒼白になり、唇を強く引き結んだマウリツィオは、デ・ソーレを正面から見据えた。デ・ソーレもにらみ返し、掌を上にして両手を挙げると、ぱっと開いた。

「マウリツィオ、私は自分がやらねばならないことをしているんだ」。デ・ソーレはそっけなくいった。「会社のために挙手している。これが私の義務だ。ライセンスを手離すわけにはいかない。そんなことをしたら会社に入ってくる金がなくなる」

デ・ソーレは会社のために正しいことをやったと思った。マウリツィオは背後から斬りつけられたと思った。

マウリツィオのオフィスから出るやいなや、グレイザーはデ・ソーレを脇に引っ張っていった。「それでどうやってグッチ・アメリカを訴訟から守るつもりだ？」

デ・ソーレは疑わしげな目で彼を見た。「役員会の承認なしに、この件で会社のために弁護士を雇うことはできませんよ」。デ・ソーレには、マウリツィオと彼の弁護士たちが、子会社のために弁護士を雇うことを承認するはずがないと百も承知している。自分たちが子会社に対して起こした訴えなのだから。グレイザーはデ・ソーレをまっすぐに見た。

「何をいってるんだ。きみにはできるよ！」。相手が驚く様子を見てから、グレイザーは何週間もかけて会社の経営規定をじっくりと検討した結果、緊急事態にあたってグッチ・アメリカのCEOであるデ・ソーレには、役員会の承認を得ることなく会社の利益のために行動する権利がある、という条項があるのだと指摘した。デ・ソーレは瞬時に彼がいいたいことを理解した。

「最低出席者数をそろえないと役員会議は召集できないし、われわれもスケジュールをやりくりして全員出席させることはできない。だから会議は開かれなかったということにすればいい」

グレイザーは当時を振り返っていう。「そこで緊急事態が発生したことにして、グッチ・アメリカを弁護するための法律事務所を雇うことができた」

グレイザーはまた、親会社と子会社間の醜い争いが激化した結果、グッチ・アメリカに商品が供給されなくなる可能性があることにも気づいた。そうなると店頭に商品が並ばなくなる。そこでデ・ソーレにもう一つ知恵を授けた。「それじゃ自分で製品を注文してくればいいじゃないか」

「マウリツィオの承認なしにそれはできないよ」。デ・ソーレは答えた。

「グッチ・アメリカは商標権を持っているんだろ？　きみの職務は、役員会が開かれないときに、会社にとって最善の利益をもたらすことをなんでもすることにある」。グレイザーは繰り返した。デ・ソーレは頷き、イタリアに飛んで皮革品製造業者と打ち合わせて製品を発注した。マウリツィオとの争いが激化する中で、グレイザーはグッチ・アメリカの自立した経営権を勝ち取ることをめざした。

マウリツィオは自分の周囲に陰謀が張り巡らされているように感じた。デ・ソーレが自分に逆らって反対票を投じたことがどうしても信じられなかった。意見は食いちがい議論は対立していたが、デ・ソーレは社内で自分の同志だと信じていた、家族の一員のようにも感じていた。四月にはデ・ソーレに二〇万ドルのボーナスを支払ったくらいだ。デ・ソーレが味方についてくれなければ、自分は終わりだとマウリツィオにはわかっていた。役員会の支配権を失えば、グッチ社内の自分の支配も終わる。

会議のあと、またもやうろうろと歩き回りながらマウリツィオはフランキーニにぶちまけていた。「もともとデ・ソーレは取るに足りないやつだったんだ。それを私が引き立ててやったんだよ。あいつはつぎあてをしたズボンをはいているようなやつだった。そいつが私を破滅させようとしている！」

「マウリツィオ！」。フランキーニが真剣な声でいった。「いいかい、これは戦争なんだ。きみはグッチ社の五〇パーセントを所有しているが、いまではそれはゼロに等しい。私はきみを助けてあげられるが、きみはすべてを賭ける覚悟で臨まなくてはならない。いつだって船を沈ませるぞと腹を据えて、あいつらにもそのつもりでいることを信じさせなくちゃならない。さもなければきみはすべてを奪われる」

マウリツィオは足を止めてフランキーニを見つめ、それからどしんと椅子に腰を下ろすと膝に手を置いた。

「わかった、弁護士さん。私がやるべきことを教えてくれ」

戦争は激しさを増していった。マウリツィオはデ・ソーレをグッチ・アメリカの役員会議議長の座から下ろしたが、役員会の過半数をとらないかぎり彼をＣＥＯから退かせるわけにはいかなかった。

フランツはグッチの役員たちに手紙を送り、ＣＥＯとして有能な人物を指名するようにと要請した。手紙にはマウリツィオの名前や肩書きにはふれられていなかったが、手紙が意図していることはあきらかだった。その手紙に怒り心頭に発したマウリッツィオは、インヴェストコープとフランツを文書改竄でミラノ裁判所に訴え、二五〇〇億リラ、一億六〇〇〇万ドルの損害賠償を請求し、それだけではおさまらずフィレンツェの地方検事にフランツを名誉毀損で起訴すると申し立てた。七月二二日、インヴェストコープはニューヨークでマウリッツィオに対し、株主としての契約に違反し、会社の経営を誤ったとして会長の座から下ろすための仲裁手続きを起こした。裁判所へ提出された書類には、彼の信頼性を疑う根拠の一つとして、父親が夢に出てきて別荘の床下から金を見つけた話も書かれていた。

「われわれは彼を追いつめようと、ますます強く圧力をかけていきました」。ビル・フランツはいう。「だがマウリッツィオは『この会社をアラブに渡してなるものか。私はすべてを失った。財産も面子《メンツ》もビジネスへの誇りも失ってしまったんだ。こうなれば船もろとも沈んでいく覚悟だ。沈没するときにはみんな一緒だからな』といったんです」

インヴェストコープの参謀たちは彼が本当に沈めてしまうことを恐れた。

「たいていの場合そういうやけっぱちの態度をとるときは、はったりと決まっている」とリック・スワンソンはいった。「だがわれわれは本気で心配したね。常軌を逸していたから、彼ならやりかねないと思ったんだ」

攻撃は激しさと速度を増していき、今度はデ・ソーレが一九九〇年四月から一九九三年七月までの間に彼に貸した四八〇万ドルの返済を求めて訴訟を起こし、マウリツィオがミラノの裁判所にインヴェストコープを相手どってフランツ、ハックラクとトーカーのグッチの役員退任を求めて訴えた。

数週間にわたる攻防のあと、両者の関係をどうにかして救うための最後の努力がなされた。ネミール・キルダールがマウリツィオに電話をかけ、毎年八月に仕事場を移す南仏まで会いに来てくれといった。二人はすでに一年以上顔を合わせていなかった。

「マウリツィオかい？　ネミール・キルダールだ」

マウリツィオは信じられない思いで黙って受話器を握りしめていた。

「なんとか仲直りできないかと思って電話している」。キルダールはいった。「私はきみが好きなんだよ。この争いをやめたいと思ってる。個人的に話し合いたいんだがどうだろう？　南仏までやってきて、一日私とつきあってくれないか？」

マウリツィオは最初の驚きから立ち直ると、ようやく冗談めいた口調でいった。「私の身の安全は保証されるんでしょうかね？」

「マウリツィオ、私といればいつだって安全だよ」。キルダールはあたたかく答えた。

マウリツィオはキルダールが最後の解決策を出してくれるのではないかと期待して翌日

南仏に発ち、ホテル・デュ・キャップのプールサイドでランチをともにした。

「マウリツィオ、わかってほしいんだが、われわれの会社との間に何が起こったにせよ、私はきみときみが打ち出したグッチ再建計画への敬意を失ったことはないよ。だが私にも会社を経営していく責任があり、会社は危機に瀕している。もしこの会社を立ち直らせて損失を食い止め、何かしらの利益が出せるようになったら、いつかまた一緒に仕事ができるようになるかもしれない」

キルダールの話を聞いているうちに、マウリツィオはインヴェストコープには譲歩するつもりがないとわかった。最後の解決策などなかったのだ。二人は楽しく午後を過ごした——少なくともうわべだけは。マウリツィオは落胆し幻滅してミラノに戻った。

その夏、マウリツィオは休暇をとらなかったが、テラスから湖が望める広いルガーノのマンションに移った。彼は毎日そこからミラノのオフィスに通った。

九月にグッチの経営監査委員会が、来年の年初までに株主たちが争議をおさめることができず、収支に改善が見られないようならば、委員会は法律に従って会社の帳簿を裁判所に提出せざるをえないとマッセッティに通達した。そうなると裁判所は、会社の資産を債権者への支払のために売却することになるだろう。

「二四時間だけ時間をやる、その後処分を執行するといわれました」。マッセッティはいった。彼はなんとか四八時間くれと懇願し、それからマウリツィオとファビオ・フランキーニに電話をかけた。

「マウリツィオはいよいよ八方塞がりでした。もうどうにもこうにも動きがとれません。こうなればインヴェストコープの申し出に同意するしか残された道はありませんでした」とマッセッティはいう。

「これほどまでの重圧のもとに置かれるとは私も想像していなかった」。スワンソンはのちにいった。「何かしらの命綱があれば、マウリツィオは生き延びることができたでしょう。しかし、個人資産、会社の資産を含め、すべてを失うという崖っぷちに立たされるまで彼は現実と向き合おうとしませんでした。私たちはつぎに何が起こるのか不安なまま見守っていました」

　その日の午後、マウリツィオはフィレンツェまで車を飛ばし、夜の七時半に上級管理職を集めて会議を開いた。

「それでどんな結論を出されたんで？　われわれは店じまいするんですか？」。相変わらずぶっきらぼうな口調でデッリノチェンティがずばり聞いた。

「やったよ！」。熱のこもった口調でマウリツィオが答えた。「金を調達した。インヴェストコープから株を買い戻す」

「そいつはすばらしい！」。デッリノチェンティのほかマウリツィオを応援していた人たちが叫んだ。もしインヴェストコープが会社を乗っ取った場合、人員の大幅削減、工場閉鎖は避けられず、スカンディッチが投資会社の事務所となってしまうことを彼らは恐れていた。

「インヴェストコープが会社の主になったら、もうこの世の終わりだと思いました」。デッリノチェンティはいった。

マウリツィオがフィレンツェの管理職連中に檄を飛ばしている間、インヴェストコープの参謀たちはロンドンに集まって、つぎに彼がどんな手を打ってくるか戦々恐々で見守っていた。

「誰かが私たちに電話をかけてきて、マウリツィオはスタッフを集めて得意の雄弁をふるって、アラブをぶちのめす、と息巻いているよと教えてくれました」。スワンソンはそのときのことを思い出す。「われわれはとまどっていました。それじゃいよいよ船を沈める気か、それとも理性を取り戻して売却するだろうか？」

マウリツィオの演説は彼の瀬戸際作戦にすぎなかった。その日の夜遅く、電話が鳴った。無条件降伏の用意がある、とマウリツィオがいっている、という知らせだった。

一九九三年九月二三日金曜日、マウリツィオはルガーノにあるスイスの銀行のオフィスで、弁護士と融資者たちに囲まれてグッチの所有権を手離す書類に署名した。同じ日の午前、秘書のリリアーナ・コロンボはサンフェデーレ広場の本社ビル五階にある彼のオフィスでマウリツィオの私物を片づけた。両親であるロドルフォとアレッサンドラ夫妻のモノクロ写真、娘たちの笑顔の写真、アンティークのクリスタルと銀のインクセット、机の上の飾りもの。最後に二人の作業員の助けを借りて、彼女はロドルフォがマウリツィオに贈ったヴェネチアの風景画を壁から下ろした。

「月曜の朝彼のオフィスに入ったとき、ショックだったのは私物だけでなくありとあらゆるものがきれいになくなっていたことです。ロドルフォから贈られた絵以外はね」とマリオ・マッセッティは思い出す。

　金曜日の夜、マウリツィオはマッセッティも含めたグッチの管理職をルガーノのマンションに呼んで、内々の夕食会を催した。

　ウェイターが一人静かに給仕する中で、マウリツィオはグッチの株を売ったことを彼らに説明した。「私は自分がやるべきことをやった」と彼は淡々とした口調で説明した。

「わかってほしいのは、私ができるかぎりのことをやったということだ。だが彼らのほうが私よりも上手だった。もう選択肢はなかったんだ」

　マウリツィオから株売却に同意するというメッセージが伝えられたとき、インヴェストコープはすばやく行動を起こした。書類はすでに準備されており、リック・スワンソンほかインヴェストコープの経営陣は手続きを完了するためスイスに飛んだ。株は一億二〇〇〇万ドルで買い取られた。

最終清算会議が開かれたスイス銀行で、「私とマウリツィオは別々の部屋に入れられた。弁護士たちと一緒に別の会議室にいるマウリツィオに、私はどうしても会いたかった」とスワンソンはいった。「彼は私の友だちだったし、もう何カ月も彼の顔を見ていない。だから廊下に出ては、ちらりとでも彼の姿が見えないかと探した」

ついにスワンソンは会議室のドアのところまで行き、思い切って開けると、中には四、五人の弁護士がいて、マウリツィオは手を後ろに組んで歩き回っていた。

スワンソンの顔を見たマウリツィオは足を止め、ぱっと顔を輝かせた。「ボンジョルノ、リック！」。スワンソンのところまで歩いてくると、大きく腕を広げて非の打ちどころのないグッチ一族らしい優雅な身のこなしで彼を抱き、歓迎の意をあらわした。

「こんなのはおかしい！　私たちは友だちじゃないか！」。マウリツィオは続けた。「弁護士に囲まれていたんじゃ話もできない」。そこで二人は廊下に出ておしゃべりした。

「マウリツィオ」、最後にスワンソンは六年間にわたってすぐそばで働いてきた男の顔をじっと見つめながら切り出した。「今回、こんなことになってしまったことをとても残念に思っている。でもわかってほしいのは、私たちは心底きみときみがグッチに抱いてきた夢を信じてきたし、きみが描いたグッチの将来を実現するよう最善を尽くしていくつもりだ」

「リック」、マウリツィオはゆっくりと頭を振りながらいった。「いまから私は何をすればいいんだろうね。ヨットにでも乗るかな？　もう私には何一つ残ってないよ」

14　贅沢な暮らし

LUXURY LIVING

一九九五年三月二七日月曜日の朝、マウリツィオ・グッチはいつもどおり七時ごろに目を覚ました。数分間パオラ・フランキの寝息に耳を傾けながらじっと横たわっていた。彼女が彼にぴったりと寄り添って眠っている巨大なアンピール様式（ナポレオン帝政期に流行した装飾様式）のベッドは、四隅を新古典主義様式の柱で支えられ、天蓋《てんがい》はゴールドのシルク地で木彫りの鷲がついている。王が眠るのにふさわしい威風堂々としたベッドで、なんでも仰々《ぎょうぎょう》しいくらいの装飾を好むマウリツィオの趣味にぴったり合っている。アンピール様式の家具を求めてトト・ルッソとパリまで出向いたのは、その様式が「気品があって過度に華美ではない」からきっと気に入るはずだ、と友人に教えられたためだ。

何年間もかけて彼は家具を収集し、旧姓コロンボ、いまはパオラ・フランキという女性倉庫に預けておいた。ヴェネチア大通りにある三階建てのパラッツォに越してくる一年前まで、倉庫に預けておいた。マウリツィオとパオラはつきあいだしてからすでに四年以上がたっていたが、マンションの改装に二年以上かかったために同居が遅れた。マウリツィオはその間ドゥオモのすぐ裏手にある、荘厳な大理石のパラッツォに囲まれたベルジョイーゾ広場に面した、独身者用の小さなアパートで暮らしていたし、パオラは前夫が所有していたコンドミニアムに九歳の息子、チャーリーとともに住んでいた。

二人が暮らすパラッツォは、サンバビーラ広場から北西にプッブリチ公園まで延びているヴェネチア大通り沿いの、一九世紀に建てられた威厳のある建物だ。ミラノの地下鉄パレストロ駅すぐそばで、プッブリチ公園のはす向かいになる。めずらしい緑灰色の化粧しっくいで仕上げた壁の正面外観は、通りにあるほかのパラッツォと比べるとシンプルだ。

マウリツィオがはじめてパオラに会ったのは一九九〇年、サンモリッツのダンスクラブで開かれた内輪のパーティーの席上だった。しなやかでほっそりとしたスタイルと、整った顔立ちと美しいブロンドに魅かれ、彼はバーで彼女と話し込んだ。そのうちサンタマルガリータの海辺でティーンエイジャーのころ同じグループで遊んだことがあり、初対面ではないことがわかった。マウリツィオはパオラの気取らないしぐさと屈託《くったく》ない笑顔が好きになった。パトリツィアとは正反対だ。パトリツィアのもとを去ったあと、シェリーと二年間つきあったほかはマウリツィオには決まった恋人はいなかった。別居して長い月日がたったというのに、いまだにパトリツィアは彼の人生で重要な位置をしめていた。しょっちゅう話をし、喧嘩も頻繁だ。争うのにしだいに疲れてきていたが、ほかの女性とつきあう時間もエネルギーもなかった。マウリツィオはまたエイズを心底恐れていて、ベッドをともにする女性には必ず血液検査を受けるよう頼んだ。

「マウリツィオはミラノで花婿候補ナンバー1だったけれど、女について浮いた噂はなかった」と以前彼の相談相手だったカルロ・ブルーノはいう。「彼に興味を持つ女性は多かったけど、プレイボーイじゃなかったね」

マウリツィオと出会ったとき、パオラは銅で財を築いた実業家の夫との関係が悪化していた。パオラと初めて食事に行ったとき、二人は盛り上がって深夜まで話がつきなかった。「彼は自分の人生について話し始めると止まりませんでした」とパオラはいう。「まるで世界を相手に勝負している人みたいに見られていましたが、実際には極度に繊細でもろい人でした。鷲のように空の高いところからすべてを見てコントロールできたらと願っていましたが、地に降りて現実に向き合うことはしなかったのです」

ヴェネチア大通りのマンションをマウリツィオのために見つけてきたのはトト・ルッソだ。最初マウリツィオは、どこかのパラッツォを一棟全部所有して「カーサ・グッチ（グッチ邸)」と命名し、高級ブランド・ビジネスを展開するグッチの富と趣味とを象徴する邸宅にしたいと願っていた。だが夢をかなえるのにふさわしいパラッツォが見つからず、ヴェネチア大通りのパラッツォに部屋を借りることで落ち着いた。

マウリツィオは当時まだグッチの社長で、建物の立地と豪華なたたずまいが自分の地位にふさわしいと思った。住居は貴族の階、ピアーノ・ノービレと呼ばれる二階にあり、この建物を所有してきた歴代の貴族たちはみな二階で暮らしていた。大理石の階段を上がっていくとドアがあり、開けるとそこには玄関前広間がある。そこから両側にドアが並んで長い廊下が続く。右側のドアを開けるとキッチンと大きな食堂があり、いくつもの広間と客間が並んでいた。突き当たりは主寝室で、インヴェルニッチ庭園に隣接している緑いっぱいの庭が眼下に見渡せる。あまりにも立派なマンションだったので、最初は欠点などないと思われた。だが寝室が一つしかないのが問題になった。最初そのマンションを見たときには、マウリツィオはパトリツィアと別れて一人でそこに住むつもりだった。だがパオラと出会ってからはもう一度家庭を築くことを考え、アレッサンドラとアレグラの二人の娘を引き取ってそこで暮らしたいと思った。所有者のマレッリ家はたまたまそのとき空室になっていた三階も彼に貸すことに同意した。二軒分を一つにまとめれば、二人の娘とパオラの息子にも個室を与えられる。マウリツィオは二フロア借りて、内部に階段を作ることにした。

「ここがぼくたち二人の新しい家になるんだよ」。パオラの細いウエストに腕を回して部屋を見て回ると、空っぽの部屋に足音が響いた。「カーサ・グッチ」とはならなかったが、ヴェネチア大通りのマンションには、彼がこれまで一生懸命になって獲得しようとしてきたすべてが凝縮されていた。グッチCEOにふさわしいしつらえというだけでなく、将来もっと落ち着いた家庭生活を送れるかもしれない可能性を感じさせた。マウリッツィオは、それぞれの子どもたちが自分たちと同じ屋根の下で眠るという考えが気に入った。このままパトリツィアが娘たちを支配し続けたら、自分とけっして健全な関係を築けないまま終わるのではないかとマウリッツィオは恐れていた。娘たちにもっと自分と一緒に過ごす時間をもってもらいたい、自分とパオラのところで暮らしてほしいというのが彼の切なる願いだ。家を出てから長い年月がたっているにもかかわらず、彼とパトリツィアとの争いはおさまる気配もなく、そのため娘たちとの関係を修復することがなかなかできないでいた。

ヴェネチア大通りのマンションの改装と装飾には二年以上、数百万ドルがかかった。完成するとその壮麗なスタイルにミラノ中が目を見張り、おおいに噂になった。ゴシップ欄担当者はぜひ中をのぞきたいと願ったが、マウリッツィオはめったに人を呼ばず、内部の写真はけっして公開されなかった。だが働く職人たちの多さや、運びこまれる高価なアンティーク、誂《あつら》えた家具や上質の壁紙、豪華なシルク地などはどれも噂になった。

二フロアを合わせた三階分の面積は一二〇〇平米近くあり、年間の家賃は四億リラ、およそ二五万ドルにのぼった。マウリツィオはトトに内装を依頼し、金に糸目をつけないでやってくれと宣言した。トトは、自分の言うことをなんでも聞いて一緒に熱中する顧客にわくわくし、大張り切りで取り組んだ。マンション内はすべて壊され、壁は取り払われてあらためて作り直された。トトはサンクトペテルブルグの宮殿をまねた床を作るためにレーザー裁断の木材を注文し、特注の羽目板や照明器具をデザインし、贅沢な壁紙や上質の布地を選んだ。専門家が天井のフレスコ画の修復を担当した。マウリツィオはボワズリーという彫刻を施した鏡板や装飾的なフランス風彫刻を施した羽目板が大好きで、イタリア国王だったサヴォイア王家ヴィットリオ・エマヌエーレがかつて所有していたものを食堂用に購入した。

だが、パオラに対して激しく嫉妬を燃やしたトトは、しだいにマウリツィオとの関係が悪化し、そのうちパオラが内装を仕切るようになった。マウリツィオの希望でピンボールマシンや大型テレビを備えたウェスタン調のプレイルームや、三階の子ども部屋はパオラの希望どおりに整えられた。だが、その邸宅で暮らしたのはパオラの息子だけで、マウリツィオが自分の娘たちと暮らすことはなかった。マウリツィオを奪い合うパオラとの「闘い」に負けたトトはコカインに溺れ、ホテルの部屋で亡くなっているのが発見された。薬物の過剰摂取だった。

パオラがしだいに人生で重要な位置をしめるようになってくると、マウリツィオはパトリツィアとの関係をいよいよ断ち切ろうとした。毎月ミラノにあるパトリツィアの銀行口座に一億六〇〇〇万から一億八〇〇〇万リラ（約一〇万ドル）を振り込んでいたが、サンモリッツの別荘を使うことは禁じた。彼とパオラはサンモリッツにある三軒の別荘を改装し、一軒を自分たち専用の別荘にし、あとの二軒を子どもたちや客を招待したときの遊び場として使うつもりでいた。パトリツィアはそれを聞いて怒り狂った。彼女は一軒は自分名義に、あとの二軒は娘たちそれぞれの所有にするようマウリツィオに強く迫った。マウリツィオがパオラと一緒に別荘にいることを想像しただけで怒りがこみあげ、それくらいならいっそ燃やしてやると脅し、使用人にガソリン・タンクを二つ家のそばに用意しろと命令したほどだった。

「タンクは別荘のそばに置いておくだけでいいわ。そしたらあとは私がやるから」。地所の管理人にそういった。彼が従わないと、パトリツィアは霊能者に頼んで家に災いをもたらす薬を処方してもらい、呪いをかけさせた。

パトリツィアは、グッチの従業員の中で自分に忠実なものたちの口からマウリツィオの仕事について聞き、彼にはやはり会社を経営する能力がないという確信を強めた。一人の従業員が彼女に力を貸してほしいと手紙で訴えた。

「パトリツィアさん、あの方は許しがたいことをなさるようになりました。このままではどうなるかわかりません。会社は混乱し、不安定な状態です。話をしても、まるで壁に向かって話しているようです。冷笑されるだけなんです。助けてください！　この状況をどうにかしてください」

こっそり情報をもらしてくれる人たちから――共通の友人たちやマウリツィオとパオラの料理人であるアドリアーナまで――パトリツィアはヴェネチア大通りのマンションやクレオール艇の豪勢な改装や、車庫にあるフェラーリ・テスタロッサや、世界中でマウリツィオが使っているチャーター機について聞いていた。会社の財務状況が悪化すると彼女への支払いがとどこおり、彼女も生活費の支払いができなくなった。食料品店や薬局はツケで売ってくれなくなった。銀行口座にいよいよお金がなくなると、彼女はマウリツィオの秘書であるリリアーナに電話をかけた。そのころリリアーナは、マウリツィオの債権者をなだめたり脅したりする技を覚えていた。

「月末になるとどうやってパトリツィアに渡すお金を捻出しようかと頭を悩ませました」。リリアーナはマウリツィオの債権者をいなしてなんとか金を用意し、パトリツィアには分割で渡した。「明日までに一部お渡ししますが、残りは週末まで待ってください」と彼女は愛想よく親身な口調でパトリツィアに告げた。

「そんなのひどいわ！」。パトリツィアは泣きながら憤慨した。「あの人はヴェネチア大通りのマンションにあれだけ大金をつぎこんでいるのよ。それなのに娘たちのためのお金がないっていうの？」

「いえいえ、奥さま、マンションの工事は中断しているんですよ」。リリアーナは嘘をついてごまかした。

「わかったわ。待つから。私たちが犠牲にならなくちゃいけないっていうんだったら、そうするわよ」。パトリツィアはぶつぶつ言いながら引き下がった。

ある月など、パトリツィアに渡す金がどうしても必要になったマウリツィオは、ついに運転手のルイージに泣きつき、ルイージは息子の貯金箱から八〇〇万リラ、六五〇〇ドルを持ち出して渡した。

一九九一年秋、マウリツィオはフランキーニに個人的な財務破綻について打ち明けたあと、パトリツィアに離婚してくれと頼んだ。パオラもフランキーニの助けを借りて夫に離婚を申し出た。二人とも離婚が成立したら、ヴェネチア大通りで同居しようという計画だった。パトリツィアは指の間からどんどんたいせつなものがこぼれおちていくような気がした。焼けつくような嫉妬と憤怒《ふんぬ》にかられて、パトリツィアはパオラが軽薄で貪欲に金と地位を欲しがり、マウリツィオを手玉にとって彼の財産を食いつぶすとこきおろした。それはそのまま彼女自身にもあてはまると思った人も少なくなかった。

パトリツィアは「ほとんど病的なほど彼の資産に執着していた」とマウリツィオの弁護士だったピエロ・ジュゼッペ・パロディはいう。彼女からは定期的に電話がかかってきて自分の権利をとうとうと訴え続けられていた。「彼の資産の所有権は自分にあると彼女は思っていました。法律的にではなく、ロマンチックな意味で、ですが。豪華なヨットもサンモリッツの別荘も自分のものだし、グッチの成功も自分がアドバイスしたおかげだと考えていました。それに、マウリツィオには会社を経営する能力はないと非常に心配していました。マウリツィオはお金を管理できないと思っていて、自分のものだと思っている資産を彼が食いつぶしてしまうのではないかと不安で不安でたまらなかったんです。自分と娘がマウリツィオの経済的困窮の巻き添えを食らうのではないかと心配していました」

「こうなったらもう彼に死んでもらいたい」。パトリツィアはある日、家政婦のアルダ・リッツィの前で嘆いた。「あなたのボーイフレンドに頼んで、私を助けてくれる人を探して」。あまりにも執拗に頼むので、アルダとボーイフレンドはそれを録音してマウリツィオに聞かせ、彼は弁護士にテープを渡した。

一九九二年五月一九日、慢性的な頭痛に悩まされていたパトリツィアは、ミラノでも一流の私立病院であるマドンニーナ病院で診察を受けた。医師は前頭部左側に大きな腫瘍《しゅよう》があると診断した。すぐに手術しなくてはならない。生存率はそれほど高くない。

「世界が足元から崩れ落ちるような感じがしたわ」。パトリツィアはいった。「あの人のせいよ。あの人が私に与えたストレスのせいで、腫瘍ができたの。あるとき帽子を脱いだらそこには抜けた髪の毛がごっそりついていたわ。自分の頭から抜けたとわかってショックで取り乱した。あの人の何もかもをめちゃめちゃにしてやりたくなった」

翌朝、心配でたまらない面持ちの長女のアレッサンドラとパトリツィアの母、シルヴァーナがサンフェデーレ広場のマウリツィオのオフィスを訪ね、病状を告げた。閉ざされたドアの内側から三人の話し合う低い声が秘書のリリアーナのところまで聞こえてきて、やがて深刻な表情のマウリツィオが震えながら娘たちを送り出した。

「パトリツィアの脳にビリヤード球くらいの腫瘍ができているそうだ」。娘たちが帰ったあと、彼はリリアーナに不安でいっぱいの声で言った。「彼女があんなに攻撃的だった理由がやっとわかったよ」

シルヴァーナはマウリツィオに、自分がパトリツィアに付き添っている間二人の娘たちの面倒を見てくれないかと頼んだ。それはむずかしいと彼は答えた。ヴェネチア大通りのマンションの改装はまだ終わっていない。いま住んでいる独身者用のアパートは狭すぎる。それにもましてインヴェストコープとの争いが最終段階に入り、しょっちゅう家をあけている。できるかぎり昼食をともにするくらいはできる、と彼はいった。パトリツィアはその答えを聞いてもっと幻滅の度を深めた。

五月二六日、黒髪をすっかり剃《そ》って手術に備え、ストレッチャーに横たわったパトリツィアがいよいよ手術室に運ばれていくことになった。彼女は二人の娘たちにキスし、母の手をしっかり握った。だが看護師がストレッチャーを押していくとき、彼女の目はひたすらマウリツィオを探した。彼はあらわれなかった。

「生きて手術室を出られるかどうかわからないというのに、あの人は姿を見せなかったのよ」。のちにパトリツィアはいった。「私たちは別れてしまったけれど、私はまだあの人の娘たちの母親だというのに」

数時間後に麻酔から醒めて、意識がもうろうとしたまま彼女はベッドの周囲にいる人たちの顔を見極めようとした。母、アレッサンドラ、アレグラ……またもやマウリツィオはいない。母のシルヴァーナと医師たちが、来るといったマウリツィオを、病人を動転させるからという理由で止めたとは彼女は知らなかった。

「あの最低な男は私を見舞いに来ようともしないのよ」。彼女は泣いた。

数カ月の寿命かもしれないと言われたパトリツィアは、弁護士にはっぱをかけた。マウリツィオとの離婚の同意を保留していた弁護士たちは、病気を考えるといまは条件を呑むのにふさわしい時期ではないといさめた。条件とは、ガッレリア・パッサレッラのアパート、ニューヨークのオリンピックタワーのマンション二軒、四〇億リラ（三〇〇万ドル以上）の慰謝料、サンモリッツの一流ホテルで彼女と娘たちが二週間過ごす休暇旅行費用、娘たちの養育費月一万六〇〇〇ドルの支給である。弁護士たちはこれに加えて年額一一〇万スイスフラン（約八四万六〇〇〇ドル）の支払い、一九九四年の一括払いで六五万スイスフラン（約五五万ドル）、ガッレリア・パッサレッラのペントハウスに一生自由に住めて、アレッサンドラとアレグラに譲渡する権利を求めようとしていた。シルヴァーナにはモンテカルロのマンションと一〇〇万スイスフラン（八五万ドル弱）の支払いだ。

悪性ではないかと心配されていた腫瘍が良性と診断された。パトリツィアは快復していくにつれて、マウリツィオ・グッチへの復讐を練るエネルギーと力を取り戻していった。「血の復讐」と彼女は六月二日の日記に書き、イタリアの作家、バルバラ・アルベルティの言葉を引用した。「復讐は踏みつけられたものたちだけのものではなく、天使たちのものでもあることを忘れていた。正しいからこそ復讐するのだ。苦しみを与えられたなら、黙って引き下がることはない。優位に立っているからといって、なんでも許されていいわけがない。彼に屈辱を味わわせるための最良の方法を見つけ、みずからを解放しよう」。数日後、彼女はまた書いた。「医師の許可が出てマスコミに話せる状態になったら、あなたの本当の姿をみんなに知ってもらいたい。私はテレビに出演する。あなたが死ぬまで、あなたを破滅させるまで、私はあなたを罰し続ける」。憤りをテープに吹き込み、マウリツィオに届けさせた。

マウリツィオはテープレコーダーを前に机に座って、彼女が激しい口調で憎々しげにいいつのるのを聞いていた。

「マウリツィオ、あなたには一分たりとも安らかな時間を与えてやらない。私を見舞いに来ようとしたら止められた、なんていいわけはたくさん。かわいい娘たちが母親を失おうかというときに、母がたった一人の娘をなくすかもしれないというときに、あなたは来なかったのよ。きっとあなたは私をめちゃめちゃにしてやりたいと願っていたのでしょう。そうはいかないわよ。私は死の淵まで行ったわ。お金がないふりをしていながら、こっそりフェラーリを買って乗り回しているじゃないの。こっちは白かった長椅子が薄汚れても、寄せ木張りの床に穴があいても、カーペットの取り替えや壁の塗り替えが必要でもどうすることもできないのよ。化粧しっくいの壁は時間がたつとぼろぼろになるのは知っているでしょ！　お金がないの！　社長さんは全部持っていて、ほかのものたちはどうなってもいいっていうの？　マウリツィオ、あなたには我慢ならない。娘たちでさえもあなたを尊敬していないし、心に受けた傷を忘れるために会いたくないといっているわ。私たちはみんな厄介者のあなたのことを忘れたいの。マウリツィオ、これからあなたは地獄に落ちるのよ」

マウリツィオはテープレコーダーをわしづかみにするとカセットテープを引き出し、オフィスの向こうに投げつけた。それ以上聞きたくない。カセットをフランキーニに渡すと、弁護士は増え続けるパトリツィアからの脅迫証拠コレクションに加え、マウリツィオにボディガードを雇ったほうがいいと忠告した。落ち着くと、マウリツィオは笑い飛ばそうと決めた。パトリツィアの脅しに怯えて暮らすのはいやだ。

パトリツィアは元気を取り戻すと自宅にジャーナリストを招いたり、テレビのトークショーに出演したりして、マウリツィオがビジネスマン、夫、父親としていかに酷いかをまくし立てた。「本来は私のものであるべき財産がもらえていない。私は自分のためでなく、娘たちの将来のために要求しているのよ」

一九九三年秋、パトリツィアはマウリツィオが会社の代表権を失うかもしれないと知り、彼のために奔走した。彼を助けたかったからではなく、娘たちのためにグッチを守らなくてはならなかったからだ、とのちに説明した。マウリツィオに名誉会長の肩書きを受け入れて、経営から手を引くように説得するため、インヴェストコープとの仲介役を果たそうとしたが、当然ながら無駄骨に終わった。株を買い戻すための金を工面しようとし、弁護士のピエロ・ジュゼッペ・パロディを遣わして、ゾルジから金を出させて競売にかけられる土壇場で救ったのは自分だといった。マウリツィオがインヴェストコープとの闘いに敗れ、グッチの五〇パーセントの株を売らざるをえなくなったとき、パトリツィアはそれをまるで自分にふりかかった災難のように思った。

「気でも狂ったの?」。彼女は彼を怒鳴りつけた。「これまであなたがやった中で最大の愚行よ!」

グッチを失ったことでまた関係は悪化した。

「彼女にとってグッチはすべてだったんです」。友人だったピーナ・アウリエンマはのちにいった。「彼女と娘たちにとって、グッチは金であり、力であり、アイデンティティでもあったのです」

15 天国と地獄

グッチの株を売却してから数カ月間、マウリツィオはまるで近親者を亡くしたほどのショックを受けて茫然として過ごした。グッチの再生に充分な時間を与えてくれなかったとインヴェストコープを恨み、自分のデザイン・コンセプトを貫かなかったとドーン・メローを責め、自分を裏切ったとデ・ソーレに怒った。自分が操られていたような気がしていた。

「マウリツィオにとっては、父親の期待を裏切ることがたいへんな問題だったんです」。パオラはのちにいった。「自分以前に築かれたグッチの業績のすべてを裏切ることになるのではと恐怖し、そのため苦悩していたのです。でも株を売却する選択肢しかないとわかると落ち着きました。自分の手から離れてしまうとほっとしたんです」

借金をすべて支払ったあと、銀行口座には株売却代金として一億ドルが残り、生まれてはじめてマウリツィオ・グッチは闘う必要がなくなった。

売却後、マウリツィオは自転車を買ってヴェネチア大通りのマンションの地下にしまった。そしてミラノから姿を消した。クレオール艇でクルーズを楽しみ、サンモリッツにこもった。数週間がたち、しだいに落胆から立ち直った。やっと重荷から解放されたのだ。「これまでの人生で、自分の将来を好きなように決められるという経験を彼は一度もしてきませんでした」とパオラはいう。「マウリツィオには屈託のない子ども時代がありませんでした。いつだってグッチの名前が重くのしかかり、その重荷を背負って成長してきましたから。お父さんは彼に多大な期待をかけ、マウリツィオは何事においても父親が『正しい』とすることを敏感に察知して行動しました。それに自分たちの父こそグッチを創ったと思っているいとこたちから、自分では何もしてないのにグッチの五〇パーセントを相続したなどといわれ、嫉妬されていました」

一九九四年はじめ、彼はミラノに戻って自転車を地下から出し、ヴェネチア大通りと街の反対側にある弁護士のファビオ・フランキーニのオフィスを往復しながら、新しいビジネスの構想を練った。「ほかに行くところもないので、ここにやってきていたんですよ」とフランキーニはいう。「朝八時には湧き出るほどのアイデアを抱えてもうオフィスにやってきてました」

彼は新会社ヴィエルシー・イタリアを設立し、自宅から数分歩いたところにあるパレストロ通りの公園の向かい側に事務所を借りた。パオラはオフィスを明るい壁紙と彩りあざやかな中国製漆塗りの家具で飾り付けるのを手伝い、マウリツィオが雇って頼りにしていた心霊師のアントニエッタは、パトリツィアの呪いから身を護るためのお守りと粉薬をくれた。パオラが迷信を嫌うのは知っていたが、彼はアントニエッタが好きだった。彼女に話を聞いてもらうと安心するし、いい忠告もくれる。ほかの男性が経済アナリストや精神分析医に頼るのと同じように、彼は心霊師を頼りにした。

マウリツィオは一〇〇〇万ドルをめやすに、ファッション産業以外の分野で毎年新しい投資先を開拓して投資した。とくに興味を持ったのが旅行産業で、いくつかの企画に着手していた。まず手始めに、クレオール艇を繋留しているスペインのパルマ・デ・マヨルカにある、古い歴史を持つヨットハーバーの出資者への援助を申し込まれた。また韓国とカンボジアにあらたな人気観光地を開拓できないか、調査チームを派遣した。これに加えて、ヨーロッパの風光明媚な都市に小規模の高級宿泊施設をチェーン展開する計画もあたためていて、六万スイスフラン（五万ドル弱）をスイスのスキーリゾート地、クランスモンタナのホテルに投資した。大規模チェーンによくありがちな、ロビーにピンボールマシーンやスロットをはじめとするゲームが置いてあるホテルだ。

「細かいところまでよく調べていました」とグッチを辞めたあともマウリツィオの秘書をしていたリリアーナはいう。「グッチで見られた、見境なく金を散財するような真似をしなくなりました。新しい計画に取りかかるときには、そりゃもうよく働きましたよ。あの方はようやく成長なさったんです」

一九九四年、マウリツィオは一八歳になった長女のアレッサンドラに、社交界デビューのパーティー費用にと一億五〇〇〇万リラ（約九万三〇〇〇ドル）を渡し、「このお金はおまえが責任を持って使いなさい。パーティー以外のことに使ってもいいけれど、おまえが管理するんだよ」といった。だがパトリツィアはすぐにその金を使って、自分は鼻を、アレッサンドラにはバストを整形させた。

アレッサンドラの社交界デビューのパーティーはミラノ郊外の豪邸を借り切って派手に開催されたが、マウリツィオは欠席した。数日後、銀行から長女の口座が五〇〇〇万リラも残高不足になっていると知らされたマウリツィオは、長女をオフィスに呼んで問いただした。言い渋る長女の口から聞かされたのは、パトリツィアがパーティー費用だけでなく、自分の贅沢のために長女の口座からさらに四三〇〇万リラを引き出して使ってしまったことだった。ため息をついて、マウリツィオは穴埋めをした。

パーティーの席上、パトリツィアは離婚争議で自分側の弁護士だったコジモ・アウレッタにすり寄り、マスカラをたっぷり塗ったまつ毛をまばたかせて聞いた。「弁護士さん、もしも私があの人を始末したら、私はどうなるのかしら？」

「冗談にしろ、そういうことは聞きたくありませんね」。ショックを受けたアウレッタはその場では話題を変えたが、一カ月後に自分のオフィスで同じことをパトリツィアに聞かれた彼は、決してそういうことは口にしてはならないと警告し、フランキーニとパトリツィアの母にも報告した。

一九九四年一一月一九日金曜日、マウリツィオとパトリツィアの離婚が公表された。その日彼は昼食時に自宅に戻り、帰宅したパオラを満面の笑みとマルティニで驚かせた。「パオラ、今日から私は自由の身だ」。二人はグラスを合わせ、キスをした。一カ月前にパオラと前夫の離婚も成立していた。マウリツィオはこれまで自分を疲労困憊させてきた公私の問題から解放され、ついに人生を立て直すことができると感じた。パトリツィアにグッチの名前を使うことを禁じ、二人の娘の親権を求める書類の作成に入った。彼と近しい人の話によると、マウリツィオには再婚の意思はなかったが、フランキーニにパオラと公的な契約を結ぶ関係にできないかと相談していた。パオラはちがった風に考えており、クリスマスにサンモリッツで、毛皮にくるまれて馬に引かせた橇《そり》に乗り、結婚式を挙げる計画だと友人たちに話していた。その知らせはさっそくパトリッツィアの耳に入り、二人の間に子どもが生まれるのではないかと本気で心配した。

パトリッツィアは怒りをあらわに、新しい計画に着手した。虚実を織り交ぜた五〇〇ページにわたる著作『グッチvs.グッチ』の執筆だ。ナポリにいた友人のピーナに、グッチ家での体験をもとにした想像力豊かな年代記を完成させるのを手伝ってほしいと頼んだ。ピーナは友人と開いていた服飾店が立ち行かなくなって困窮しており、ナポリと借金の山から逃げ出せると喜んでミラノに出てきた。パトリッツィアには、パートタイムで働いていた甥の会社の金庫から五〇〇〇万リラ（約三万ドル）を盗んだので、どうしても街を出たかったと打ち明けた。パトリッツィアはミラノのホテルを紹介して住まわせたが、自宅に招こうとはしなかった。シルヴァーナと娘たちがピーナは下品で不潔だと嫌ったせいだ。

一九九五年三月二七日の朝、マウリツィオはグレイのプリンス・オブ・ウェールズ・チェックのスーツとぱりっと糊《のり》のきいたブルーのシャツ、グッチのブルーのネクタイを選んだ。なぜか理由はわからないが、グッチを手放したあともネクタイはグッチと決めていた。リリアーナをときどき店にやっては買わせた。デ・ソーレは親切にも割り引きを申し出たが、それまでグッチの店で値引きしてもらうグッチ一族は誰一人いなかった。ティファニー製の茶色の革ベルト付き時計をはめ、ジャケットのポケットに手帳と週末にとったメモも入れた。パンツの右側の前ポケットに珊瑚《さんご》とゴールドのお守りを、尻ポケットにはキリストの顔がエナメルでコーティングされた金属製カードを入れた。その日は心霊師のアントニエッタにビジネスのアドバイスをあおいだあと、フランキーニとパオラとともにランチをとる予定だ。パオラが部屋着をはおり、二人は一緒に廊下を歩いて、淹《い》れ立てのコーヒーの香りがキッチンから漂う食堂に行った。料理人のアドリアーナが朝食を用意し、パオラが雇っているソマリア人のメイドが給仕した。マウリツィオは新聞を取り、パンを食べ、コーヒーをすすりながらその日のニュースにざっと目を通した。

マウリツィオは新聞を置き、コーヒーを飲み干すとあたたかな笑みを彼女に向けた。

「一二時半くらいに来るよね」。彼女の手を包むように握りながら彼はいった。彼女はにっこり微笑んで頷いた。マウリツィオは立ち上がり、キッチンに頭を突っ込んでアドリアーナにそれじゃ行ってくるよと声をかけ、廊下に出て玄関へと向かった。パオラがあとに従った。朝はまだ冷え込むのでキャメルのコートをはおった。パオラに腕を回し抱きしめながら「もう一度眠るといいよ。昼食までにはたっぷり時間があるからね。急ぐことはない、ゆっくりして」といった。

行ってくる、とキスをすると、踊り場で大理石のオベリスクに手を差し伸べ、荘厳な石造りの階段を早足でおりた。木製の立派なドアをくぐり抜けて舗道に出たところで彼はちらりと腕時計を見た――八時半を回ったところだ。ヴェネチア大通りからパレストロ通りに渡る信号でちょっと立ち止まり、アントニエッタがやってくる前に書類をまとめておこうと急ぎ足になった。通りを渡るときに公園を見渡し、何回となくやっていたように歩数を数えた。自宅のドアからオフィスまでちょうど百歩だ。歩いて行けるところに仕事場があるのはなんて贅沢なんだろう。パレストロ通り二〇番地に近づくといつも彼は思った。舗道に立っている黒髪の男のことなど気にも留めなかった。

腕を振ってマウリツィオは建物の入口へと歩いていき、階段を駆け上がりながら門番のジュゼッペ・オノラートに挨拶した。

「おはよう！」

「おはようございます」。ジュゼッペ・オノラートは彼がコートをひるがえしながら建物に入ろうとするのを見上げた。

一九九五年三月二七日の朝、マウリツィオの死を知らされたパトリツィア・レッジャーニが号泣している姿を見たのは家政婦だけだ。泣くだけ泣くと涙は乾き、自制心を取り戻してカルティエの日記帳に大文字で書いた。「PARADEISOS」。ギリシャ語で天国という意味だ。そして日付を黒でゆっくりと囲んだ。午後三時、パトリツィアは弁護士のピエロ・ジュゼッペ・パロディと娘のアレッサンドラを従えて、サンバビーラ広場にある自宅マンションからヴェネチア大通りまで数ブロックを歩いていった。マウリツィオのマンションのベルを鳴らし、少し眠ろうとしていたパオラ・フランキに面会を申し込んだ。

その朝、マウリツィオが出ていってまもなく、取り乱したアントニエッタがマンションにパオラを訪ねてやってきた。マウリツィオのオフィスに行ったが、人だかりで中に入れず大急ぎでマンションまでやってきて、何か悪いことが起こったと思うとパオラに告げた。パオラはあわてて服を着替えると、オフィスまで息せき切って駆けつけ、大きな門の前にひしめいていたジャーナリストたちをかきわけながら叫んだ。

「妻なんです！　妻なの、入れて！」。ジャーナリストたちを押し留めようとしている警官に必死に叫んだ。やっと中に入れてもらえた。門の中に入るやいなや、マウリツィオの友人のカルロ・ブルーノが人込みから抜け出して彼女のところにやってきた。

「パオラ」。深刻な声で彼はいった。「あちらには行かないで。ぼくと一緒に来て」

「マウリツィオなの？」。彼女は聞いた。

「そうだ」

「怪我をしたの？　あの人のところに行きたい」。ブルーノに腕を取られて公園の脇を歩きながら、彼女はすすり泣いた。パレストロ通りとヴェネチア大通りの交差点までやってきて、ブルーノはやっといった。

「もうどうすることもできないんだ」。信じられないという目で見上げる彼女に、彼は静かにいった。数時間後、パオラは市の遺体安置所でマウリツィオに会った。

「テーブルの上にうつ伏せに寝かされ、顔を横に向けていました」。パオラはいった。

「こめかみに小さな穴があいていましたけれど、それ以外は完璧だった。あの人は旅行中でも就寝中でも、いつもしわも乱れもなく、信じられないほど完璧だった」

その午後、ミラノ下級裁判所判事のノチェリーノが殺人事件としてパオラを尋問し、マウリツィオに敵がいなかったかとたずねた。

「一つだけいえるとしたら、一九九四年秋に、パトリツィアが弁護士のアウレッタにマウリツィオを殺したいといったと、彼の弁護士のフランキーニから聞かされ、不安がっていました」。パオラは言葉を選びながら話した。「その脅しをフランキーニはマウリツィオよりも深刻に受け止めて、護身を考えたほうがいいと忠告していました。でもマウリツィオは笑って取り合わなかった」

ノチェリーノは疑わしげに眉をあげた。「それで奥さん、あなたも自分の身を守るために何か手を打ったのですか？」

「いいえ、私たちの関係は何一つ正式な書類の裏付けがあるわけではなく、経済的な取り決めもありませんでした。お聞きになりたいのならば、そういうことです」。彼女は硬い声でいった。「私たちの関係はあくまでも感情的な結びつきでした」

パオラがヴェネチア大通りに戻り少し休もうとしているとき、パトリツィアが訪ねてきて、法律的な問題で話し合いたいことがあるとあがりこんだ。家政婦がいまパオラは休んでいるから会えないというと、アレッサンドラが泣き出して、せめて父の形見にカシミアのセーター一枚でももらえないかといった。パオラはパトリツィアには会いたくないと拒《こば》んだが、アレッサンドラにセーターを渡すよう指示し、娘は感謝して受け取ってセーターに顔を埋めて父のにおいをかいだ。

パオラはフランキーニに電話をかけて、どうしたらいいかとたずねたが、なぐさめになるような答えは返ってこなかった。身を引くことしかできない、と彼は告げた。マウリツィオが作成してほしいと弁護士に依頼したパオラとの関係を明確にする契約書は、まだ下書きの段階でフランキーニのオフィスにある。パオラはマウリツィオの不動産を法律的に請求できず、マンションは娘たちが相続することになる。できるだけ早くヴェネチア大通りから立ち去るしかない。

翌朝、パトリツィアがまたやってきた。しかしそれより早く、「マウリツィオ・グッチの遺産相続人」から前日の午前一一時に申し出があり、裁判所が一時的に家を差し押さえ、立ち入り禁止にするという命令書を持って執行官がやってきていた。パオラは仰天して執行官を見つめた。

「昨日の午前一一時ということは、マウリツィオ・グッチが亡くなってたったの二時間後じゃないですか」。彼女は抗議した。執行官に、立ち入り禁止処分にするのは一室だけにするよう説得した。

「私は息子と一緒にここで暮らしているんです。出て行けといきなりいわれても、行くあてもありません」

パトリツィアの行動はすばやかったが、パオラも負けていなかった。フランキーニと電話で何回か話し合い、その午後遅くまでに引っ越し業者がやってきて三台のトラックをヴェネチア大通りのアパート前に横付けし、家具、建具のいくつか、カーテン、陶器、食器などを運び出した。翌日パトリツィアの弁護士たちはパオラにすべて返すようにと命令したが、パトリツィアが置いていくように激しく主張した居間にかけてあったグリーンのシルク地のカーテンも含めて、自分のものだと主張したものは持っていくことが許された。

「私は妻としてではなく、母親として来てるのよ」。パトリツィアは翌朝ヴェネチア大通りのアパートの居間に案内されると、冷たくいい放った。「あんたはさっさと出ていきなさいよ。ここはマウリッツィオの家で、いまじゃ彼の遺産相続人の家よ」。部屋を見回しながら彼女はいった。「で、どれとどれを持って行くつもりなの？」

四月三日月曜日の朝一〇時黒いメルセデス・ベンツが、サンバビーラ広場からパトリッツィアのペントハウスのテラスから黄色い正面がよく見えるサンカルロの教会まで、グッチ家の棺におさめられたマウリッツィオの遺体を運んだ。四人にかつがれて棺は教会内部に運ばれたが、まだ弔問客は数人しか来ていなかった。リリアーナは教会の外に夫とともに立って中をのぞきこみ、大きな花環が載せられ、グレイのヴェルヴェットの布がかけられた棺が祭壇の前にぽつんと置かれているのを見た。彼女は夫の腕をとった。

「中に入ってマウリッツィオのところに行きましょう」。震える声で彼女はいった。「一人ぼっちで置かれているあの方を見るのは忍びないわ」

パトリッツィアは葬儀をすべて取り仕切った。パオラは家にいた。その朝、パトリッツィアは黒いサングラスをかけて黒いベールをかぶり、黒の革手袋をはめて完璧な未亡人を演じた。だが本当の気持ちを隠そうとしなかった。

「一人の人間としては気の毒に思うわ。でも私個人としては同じことはいえないわね」。待ち構えていたジャーナリストたちに蓮っ葉《はすっぱ》な口調でそういった。

弔問者の最前列に娘たちと並んで陣取った。アレッサンドラとアレグラも涙を隠すために大きな黒いサングラスをかけていた。二〇〇人を越す弔問者が訪れたが、友人といえるのはベッペ・ディアナ、リーナ・アレマーニャ、チッカ・オリヴェッティなど北イタリアの産業界の大物たちくらいだった。多くの知人友人たちはグッチ家の呪われた死の醜聞に巻き込まれるのを恐れて出席しなかった。同じ理由で、遺族とともに友人たちも合同で地元新聞に掲載するのが慣例になっている死亡告知に、自分たちの名前を載せるのを取りやめた。マフィアの処刑のような殺され方だったことで、仕事上の取引をめぐってうさんくさい憶説がつぎつぎとマスコミに流れた。マウリツィオが取り組んでいる仕事には、なんらやましいところなどないと知っている、ブルーノやフランキーニをはじめとするマウリツィオに近しい人たちは、報道の無責任さに憤《いきどお》った。葬儀に参列した大半の人たちは、マウリツィオに別れを告げたくて集った以前の従業員たちだったが、同じ数だけジャーナリストや野次馬もいた。ジョルジョ・グッチはローマから妻のマリア・ピアと息子のグッチオ・グッチとともにやってきた。彼らはパトリツィアから数列後ろの席についた。パオロの娘、パトリツィアもやってきた。マウリツィオは従兄のパオロとの争いにもかかわらず、彼女に同情してインヴェストコープに株を売却する前の何年間か、グッチの広報として彼女を雇った。

マリアーノ・メルロ司祭が追悼の祈りを捧げている間、覆面刑事二人がこっそりと参列者の写真を撮り、参列者名簿を詳しく調べ、殺しにつながる手がかりを得ようとした。葬儀のあと、棺が黒いメルセデスに載せられ、サンモリッツへと向かった。グッチ家の墓ではなく、マウリツィオはきっとサンモリッツに埋葬されたいはずだ、とパトリツィアが決めた。

教会の番人であるアントニオが葬儀のあと悲しげにいった。「友人たちよりもテレビカメラと野次馬のほうが多かったね」

ミステリーもののドラマのように、もしかすると殺した犯人が葬儀に参列しているのではないかと疑いの目でお互いを見ていて、「悲しいというよりもずいぶん奇妙な雰囲気だった」と〈コリエーレ・デッラ・セーラ〉紙の社交界欄担当記者のリーナ・ソティスは書いた。ソティスは冷静に、名声と富があっても、マウリツィオはついにイタリアの経済とファッションの中心地であるミラノに居場所を見つけることはできなかった、と書いた。「マウリツィオ・グッチはこの街では影のような存在だった。誰もが彼の名前は知っていたが、彼自身を知る人はまれだった」。翌日の記事で彼女は書いた。「ミラノは私には厳しすぎる街だ、と彼は友人の一人に打ち明けたそうだ。ブロンドの髪に青い目の少年は欲しいものはなんでも手に入れることができた。ただ自分に寄り添う愛する女性と、ミラノのような厳しい都会を味方につけることはかなわなかった」

翌日、パオラはプッブリチ公園をはさんでヴェネチア大通りの反対側にあるモスコーヴァ通り近くのサンバルトロメオ教会で、マウリツィオのためのミサを執り行った。「私たちの心を惹きつける術《すべ》をあなたは知っていました。でも私たちほどあなたを愛さない人がいたのです」。パオラの従兄でマウリツィオの友人だったデニス・ルコルドゥールが短い弔辞を述べた。「犯人はあなたを殺す罪を犯しただけでなく、十も二十も三十もの罪を犯しました。今日ここに集まった人たちだけでなく、あなたを知っていた人たちの何かが殺されてしまいました」

数カ月後、パトリツィアは意気揚々とヴェネチア大通り三八番地のマンションに引っ越してきた。マンションからパオラの痕跡は一掃され、自分の趣味で部屋の内装をやり直した。壁の一面には、輝くような茶色の長い髪をたらした自分自身の、実物よりも大きな油絵の肖像画をかけた。

二階はできるだけ変えないようにしたが、ビリヤード台は売り払い、ゲームルームを居間に改造した。夜になるとマウリツィオが眠っていた巨大なアンピール様式のベッドで眠り、孔雀《くじゃく》の鳴き声で目を覚ました。朝、風呂を使ったあとマウリツィオが着ていたテリークロスのバスローブにくるまった。

「あの人は死んだかもしれないけれど、私はやっと生き始めたような気がする」と友人の一人にいった。

一九九六年のはじめ、彼女はカルティエの革張り日記帳の扉ページに書いた。「一人の男の心を本当にとらえることができる女はほとんどいない。ましてやそれを自分のものにできる女はもっとまれだ」

16 グッチ再生

TURNAROUND

一九九三年九月二六日月曜日朝、インヴェストコープがグッチの株式を一〇〇パーセント取得して経営権を握ってはじめての営業日、ビル・フランツと数名の役員たちはサンフェデーレ広場の本社前で社内に入れないままたむろしていた。

マウリツィオとの売買契約が終了し、私物の片づけをする時間を少しとったあと、フランツはマッセッティに、週末はオフィスビルの中に何人《なんぴと》たりと入れるなと指示しておいた。「金曜日の夜九時から月曜の朝九時まで、水ももらさぬ厳戒態勢をとりました」とマッセッティは思い出す。「たとえ誰であれ、ぜったいに朝九時前に社内に入れてはならぬと厳しく命令したのです」

インヴェストコープの責任者、ビル・フランツはグッチの最高幹部と部長クラスにサンフェデーレ広場に月曜早朝集まり、早急に対処しなくてはならない財務上の問題や業務についての報告するよう申し渡した。だが朝八時に二重扉になっているグッチの玄関前にやってきてみると、早く始めたくてうずうずしているインヴェストコープの幹部連中を中に入れることを、守衛は断固として拒んだ。フランツが、今日から私がこの会社のトップなのだと説明しても、守衛は役員たちの顔を見ながら首を振るばかりで、結局全員が社内に入れたのは九時一分だった。

「インヴェストコープから派遣された人間かどうかなど守衛たちには関係なかったんだよ」。フランツはまごついて苦笑した。「ただ命令に従っただけだ。われわれは会議を中庭で始めなくてはならなかった」

その朝、会社再建に向けての会議で話し合われたのは、まずもっとも緊急を要する支払いのために、インヴェストコープから一五〇〇万ドルを即座に送金するという件だった。リック・スワンソンが、この一五〇〇万ドルを含めて負債を穴埋めして業務を再開するためにインヴェストコープがグッチに投入するのは合計五〇〇〇万ドルだとはじきだした。「本社、子会社いずれもが負債の問題を抱えていました」。スワンソンはいう。「餌を求めて口をあけているひな鳥たちのようでしたね」

サンフェデーレの六階にある社長室をビル・フランツは何回となく訪れていたが、いざ自分がマウリツィオの席に座ることになると、畏怖《いふ》を感じずにはいられなかった。アンティークの椅子に座り、肘掛けの前方に彫られたなめらかに曲線を描くライオンの頭部に手を置き、周囲を見回して夢を見ている気分だった。ニューヨーク郊外で教授の息子として生まれ育ち、芝生の草刈りで小遣い稼ぎをしていた自分が、世界でもっとも有名な一流ブランドを牛耳る立場になったのだ。

「チェース・マンハッタン銀行で働いているときにデヴィッド・ロックフェラーのオフィスを何回となく訪れましたし、世界中の大手企業や政府の指導者たちとも懇意にしてきました。それでも自分がマウリツィオのあとを継いでこんなに優雅なオフィスで執務することになるとは思ってもみませんでした」

グッチの歴史上はじめて、グッチ家の人が誰一人いない会議が開かれたその月曜日、マウリツィオは四五歳の誕生日を迎えた。前日、ビル・フランツは四九歳になっていた。

「私たちどちらにとっても大きな意味を持つ誕生日でした」とフランツはのちにいった。

「マウリツィオは一億二〇〇〇万ドルを手に入れ、私はグッチを獲得した」

翌日、フランツは列車でフィレンツェ入りし、通訳の助けを借りてグッチの従業員たちの怒りをできるだけ鎮めようとした。不満で爆発しそうな従業員たちは、インヴェストコープが社内での生産をいっさい廃止し、グッチが外部の製品供給業者から買い付けて販売するだけの会社に転換することを恐れていた。

一週間ほどたってから、フランツはマウリツィオに、トップが代わったことを正式に承認する役員会議への出席を要請した。インヴェストコープはフランツを、グッチとインヴェストコープの部長たちから構成される役員会の代表に任命し、経営移行のすべての権限を彼に託した。二人は中立的な場所としてミラノの弁護士の事務所を会議の場として選んだ。またもやマウリツィオと顧問たちが通された部屋と、フランツと同僚が集まった部屋は別だった。別々の部屋なんてばかげていると、フランツは意を決して立ち上がり、マウリツィオに挨拶するために廊下を歩いて別の部屋に行った。

「やあ、マウリツィオ」。穏やかな笑みを浮かべて挨拶した。「他人行儀にするのも意味がないと思ってね」

マウリツィオは握手をしながらフランツの目の奥をのぞきこんで言った。「これできみも自転車をこぎつづける気分がわかるようになるよ」

「そのうち昼食でも一緒にどうだい？」。フランツが聞いた。

「まずしばらくペダルを踏んでみることだよ」。淡々とした口調でマウリツィオはいった。「それでも会いたいというのなら、そのとき昼食をご一緒しよう」

フランツは二度と彼に会うことはなかった。

マウリツィオが闘いに負けた原因には、いくつかの段階での失敗が考えられる。彼が相続したグッチは、時代に合わせて遺していくことが、不可能でないにしろむずかしい企業だった。グッチの新しい未来を拓くための彼の構想は、経営のバランスを保ちつつ、それまで築かれた遺産と新規構想の優先順位をつける能力が彼自身に欠けていたために行き詰まった。また、父親との濃密な関係によって人生の初期に人間関係の築き方を学ぶことができなかったため、使命を果たすときに欠かせない支えとなる人材を私生活でも職業生活でも見つけることができず、ましてやよい関係を保ち続けることもむずかしかった。

「マウリツィオは圧倒されるカリスマ性を持った人物で、人を魅了する力を持っていました」とグッチで長年既製服を担当したアルベルタ・バッレリーニはいう。「でも残念なことに、あの人には基盤がなかったの。土台を作らずに家を建てたようなものだったわ」

「マウリツィオは天才でした」と認めるのは、別の従業員のリタ・チミーノだ。「優れたアイデアを持っているけれど、それを実行に移すことができない。大きな欠点は、自分を助ける適切な人を見つけることができなかったことね。ふさわしいとはいえない人物をまわりに置いていた。そういう人にすっかり惚れ込んじゃう。情で動く人だから。そしてあるとき突然、その人は自分にふさわしくないと気づくのだけれど、そのときには遅すぎるわけ」。チミーノは続けた。「たぶん、斜めに構えた姿勢で皮肉な考え方をする人に彼は惚れ込む。そういうのがたくましいと勘違いしちゃうんでしょうね。それできっとそういう人たちが自分を助けてくれると思ってしまう」

「正しい人間に惚れ込むのはとてもむずかしいことですよ」。マッセッティはあえて厳しい見方をする。「現実には正しい人と出会うことさえまれですからね。マウリツィオはとりわけ恵まれませんでした。ものがわかっている人は彼に近寄ろうとしなかったし、近寄ってきた人たちは燃え尽きてしまう」

「マウリツィオを破滅させたのは金だったよ」。ドメニコ・デ・ソーレはいう。「ロドルフォは爪に火を灯《とも》すようなやり方でひと財産築き上げた。だが息子に節約の精神を植えつけるのに失敗したんだ。マウリツィオは金が底をつくと自暴自棄になった」

マウリツィオの例は、ファッション分野にかぎらず、イタリアの何百という家族経営企業がグローバル市場に乗り出していかざるをえなくなったときに巻き込まれる、典型的なチキンレースだったといえる。イタリアの家族経営企業は市場から叩き出されるか、それとも巨大多国籍企業に乗っ取られるかのイチかバチかの勝負に出なくてはならない。競争に加わり続けようとするならば、ぜがひでも必要な新しい資本と経営の専門家を導入して会社を管理していかないことには、経営を維持していくのがむずかしいのだが、グッチのような家族経営企業にとってはそれがむずかしい。

「この業界では創業者が経営を牛耳っている場合が多いために、なかなか新しい段階に踏み出せない会社が数多くあります」とマリオ・マッセッティがいう。彼はインヴェストコープが会社の所有者となってからもグッチに残った。「アイデアを出すことにかけては天才的な創業者の存在が、会社の経営を悪化させてしまうのはよくあることです。マウリッツィオはすべてを刷新しましたが、同時に多くの場面で彼自身が障害となりました」

一方でLVMHグループのベルナール・アルノーのもとで人事部長をつとめるコンチェッタ・ランソーは「マウリッツィオ・グッチが描いた将来像なくして、グッチの今日の姿はなかったでしょう」という。マウリッツィオはランソーの、新しい才能を見出す才覚を見込んで、新生グッチの夢を打ち出した一九八九年に、アルノーのもとから彼女を引き抜こうとしたことがある。「彼はドーン・メローを心酔させたように、もう少しで私を口説き落とすところでした」とランソーは認める。「アルノーのように、彼にも先を見通す力がありました。会社の発展には、未来にあるべき姿を描けるかどうかが重要です」

ピエール・ゴデという忠実で有能な片腕がいたアルノーとちがって、マウリッツィオは夢を実現するために実務上の基盤造りをしてくれる信頼できる強力な副官を、ついに見つけることができなかった。他の一流ファッション・ブランドには、デザインの才能とビジネスを仕切る人物とが強固なタッグを組んでいるところが多い。少し挙げるだけでも、バレンティノにはジャンカルロ・ジャンメッティ、ジャンフランコ・フェレはジャンフランコ・マッティオーリ、ジョルジオ・アルマーニはセルジオ・ガレオッティ、ジャンニ・ベルサーチェは兄のサントとそれぞれ組むことで成功を成し遂げた。グッチには大勢の才能ある人たちが出入りしたが、誰一人マウリツィオが描いた壮大な再生計画に心から共感して併走した者がいなかった。アンドレア・モランテはさまざまな分野でマウリツィオの夢実現のための体制を整えた。ネミール・キルダールとインヴェストコープの人たちはマウリツィオと組んでその夢のために尽くした。財務的に支えきれなくなるまでは。ドメニコ・デ・ソーレがもっとも長く彼とともにがんばったが、最後にはマウリツィオに決定的な打撃を与え、やがてグッチの真の生き残りとして台頭していった。

マウリツィオの弁護士、ファビオ・フランキーニはその後もマウリツィオをもっとも一生懸命になってかばっていたが、インヴェストコープがマウリツィオを切り捨てるのはいかにも時期尚早だったという。

「軌道に乗るまで三年も待たなかったんですよ」。フランキーニは苦々しげにいう。「最初に結果が出たのは一九九一年一月で、一九九三年九月にはもう売却させられてしまいました」。首を振りながら彼はいった。インヴェストコープとの争いを通してフランキーニはマウリツィオにていねいに助言し、しだいに二人の距離は近づいたが、最後までお互いに敬語を使う関係で終わった。フランキーニはマウリツィオに対していまだに「ドットーレ（大学卒業者への敬称）」という呼び方をするが、彼の名前を口に出すとき、目はぱっと輝き、大きく口を開けて微笑みがもれる。フランキーニは現在マウリツィオの二人の娘たちのために資産を管理している。

「私はマウリツィオ・グッチが娘さんたちのために遺したものをきちんと守っていきたいのです」。フランキーニはいう。「彼はすばらしい人でしたが、厳しいビジネスの世界に飛び込むには準備が足りませんでした。たくましいビジネスマンになるように育てられていませんでしたからね。あの人はどこまでも紳士で、面の皮は厚くなかった。マウリツィオ・グッチは真っ当な人でした」

「強大な金融機関と手を組むくらいなら、まだしも従兄の誰かを味方につけたほうがいいと彼を説得しようとしたんです。マウリツィオ・グッチは会社を五〇パーセント所有していながら、誰一人味方がいなくて完璧に孤立無援の状態だったために、最初から先は見えていました。そんな状態では何も持っていないのに等しかったんです」。フランキーニはいった。

強力なパートナーをついに見つけられなかったことは、マウリツィオにとって結局夢をすべて台無しにするほど高くつく結果となったが、過去の人間関係と彼の地位を考えるとそれは充分予測できたことではあった。マウリッツィオ・グッチと親しかった人たちは、何かしら彼に要求した。ロドルフォは従順に従うことを要求し、アルドは後継者となることを望み、パトリッツィアは名声と富を与えるよう求め、インヴェストコープはヨーロッパの特権的ビジネス社会への足がかりを彼から得ようとした。家族経営企業の株式を守るためにマウリッツィオが闘っていたとき、彼を進んで助けた多くの人が、グッチ内で日のあたる地位を得ようと一生懸命だった。

「健康で容姿端麗で名門出身で世界一美しい豪華ヨットを所有していれば、友だちを見つけるのはむずかしい」とモランテはいう。「自分もおこぼれにあずかって華やかなスポットライトを浴びたいとか、簡単に金を稼ぎたいとか、有名人と知り合いになってみたいという連中しか近寄ってこなくなるから」

その間もフランツはグッチを経営するという自転車こぎに必死だった。彼は新しい人事部長としてレナート・リッチを採用し、従業員の経営への信頼を回復させ、人員を削減し、業務を一本化して経費を節減する仕事にあたらせた。サンフェデーレ本社ビルを開くとき、マウリッツィオがフィレンツェでの業務の多くをミラノでも行わせたために、二重の負担がかかっていた。フランツは二二名いたミラノの上級管理職の一五名の首を切った。彼とリッチは組合の反感を買わないように、できるだけ情報を公開し公平であろうとした。いったん怒らせてしまうと、組合は新聞の一面全部を使ってすべての状況をぶちこわしかねない行動に出るだろう。そうなれば会社再建の大きな障害になりかねない。イタリアは失業と労働問題に力を入れており、労働組合は政府を転覆させるほど強力で、民間企業からは法外な譲歩を得ようとする。

「そのころグッチにとって大きな強みは、イメージがまだ損なわれていなかったことでした」とリッチはいう。「労働組合は全力で経営側と闘う可能性があり、もし解雇にあたって悪い記事を書かれてしまうと、会社のイメージは大きく損なわれます」

一九九三年秋、ひたすら経費の削減ばかりに精力をつぎこんでいたグッチの経営陣を驚愕させたことに、フランツは広告宣伝費を二倍に増やすと決定した。その時点でグッチの販売は三年間頭打ちになっており、相変わらず損失を計上していたにもかかわらずの決断である。

「いい製品といい広告戦略があるのだから、何を売っているのかを人々に知らせて現状から抜け出さなくてはならない」とフランツはいった。

一九九四年一月、フランツはサンフェデーレ本社を三月で閉鎖し、本社をフィレンツェに戻すと宣言した。四年ほど前にマウリツィオが意気揚々と開設したばかりの社屋を閉鎖するというのだ。

三月に行われたウィメンズウェアのファッションショーは、サンフェデーレにグッチが存在していたことをのちのちまで伝えるものとなった。ショーの前にトム・フォードと、ほんの数名だけ残ったアシスタント・デザイナーの一人、若い日本人の袴着《はかまき》淳一は、残った人間だけですべてのコレクションを製作しなくてはならないことに茫然とした。「自分たちがいずれ解雇されるとわかっていた人たちは誰一人手伝いたがらなかったんです」。袴着はいう。「午前二時まで働き、五時にはオフィスに戻ってショーが開かれるフィエラまで服を運ばねばなりませんでした」。マスキュリンなモブスタージャケットとパンツを打ち出したショーは、話題をさらうところまでいかなかったがおおむね好評だった。一週間後にグッチはサンフェデーレを閉じた。フィレンツェに戻った社員は数えるほどだった。

フィレンツェの社屋は、近代的設備の導入も改装もされていない薄汚い建物で、保身に汲々とする管理職たちがお互いのあら捜しをしてはメモを投げつけあっている状態で、生産的なことが何一つ行われていなかった。

「従業員たちは落ち込んでいました」。リッチはいう。「給与の支払がいつ止められるか、会社がいつ倒産するか不安でたまらない数カ月を過ごしていたんです。なんとか会社が存続しそうだとわかったら、今度はインヴェストコープに首にされるのではないかという恐怖に怯えていました」

「会社は機能麻痺状態にあった」とフィレンツェとニューヨークを往復して走り回っていたデ・ソーレはいう。「管理職の連中は小さな派閥に分裂していがみあっていて、決定を下す人が誰もいなくて、責任をとらされるんじゃないかと怯えていましたよ。商品、価格設定、ワープロ、看板商品のバンブーバッグ、とにかく何もかもなかった。頭がおかしくなりそうな状態でした。ドーン・メローはいくつかすてきなハンドバッグをデザインしたけれど、それを商品化して流通ルートに乗せられる人間がいなかった」

一九九四年秋、フランツはドメニコ・デ・ソーレを営業管理部長に任命し、フィレンツェに常駐してほしいと要請した。

デ・ソーレはがっかりして意欲をそがれた。弁護士の仕事を離れ、グッチ・アメリカのCEOとして一〇年間働いてきた。一年足らず前にインヴェストコープの側について、自分を会社に雇い入れてくれた男を裏切ったばかりだ。投資会社にグッチの経営権を握らせる決定打となる裏切りだった。デ・ソーレは見返りをいっさい求めなかった。それなのにマウリツィオはいまだにデ・ソーレのことを恨んで貸した金を返そうとしないし、インヴェストコープは約束していた借金の肩代わりもしてくれない。

「われわれには投資家たちへの責任があったからね」とエリアス・ハックラクはのちに事情を説明した。「借金はマウリツィオとドメニコの間の個人的な問題だよ」

インヴェストコープが自分をCEOに任命せず、かわりにフランツをグッチの経営委員会の長に任命したことで、デ・ソーレはインヴェストコープのボブ・グレイザーに電話をかけてやめてやると脅した。

「この会社を動かしていくべきなのは私だろう！　明日にもやめてやる！」。デ・ソーレは怒鳴り散らした。「経営委員会の連中はどいつもこいつも無能で腐ってる！」

グレイザーはデ・ソーレ自身とこれまで彼がやってきたことを賞賛し尊敬していたから、彼をなだめて貴重な忠言をした。「ドメニコ、きみがいらだつのもわかるし、きみこそ会社のトップに座るにふさわしい人物だと思っているよ。私はきみを推したんだ。だが友人として一ついわせてもらうとね、本当に委員会の連中が無能で腐っているというのなら、やめちゃいけない。残っていれば必ずきみがトップになって、ほかのやつらにきみの価値を教えてやれるよ」

デ・ソーレはグレイザーの忠言を受け入れ、グッチ・アメリカで自分が信頼を置き、自分の仕事のやり方をよくわかっている親しい部下たちをフィレンツェに一緒に連れてきた。フィレンツェでデ・ソーレと彼の部下たちがまず対決しなくてはならなかったのが、怒りといらだちで爆発しそうになっている従業員たちだった。その上、はじめのころデ・ソーレを鼻であしらい、最後には彼に裏切られて失望していたマウリツィオは、キルダールをはじめインヴェストコープの上級管理職から従業員にいたるまで、フィレンツェで働くものたち全員にデ・ソーレの悪口をさんざんいいまくっていた。

「デ・ソーレがまるでアメリカの特別機動部隊を引き連れて乗り込んできたかのように、フィレンツェの人たちは動揺した」とリック・スワンソンはいう。「だが経営を続けていく唯一の方法はデ・ソーレが指揮を執ることだった」

解雇の人数は増え続け、アメリカ式のやり方が持ちこまれたことで、クラウディオ・デッリノチェンティをはじめとする生産現場の労働者たちは経営陣に対して憎しみをつのらせていった。デ・ソーレの命令をバカにし、「フィレンツェのマフィア」とあだ名をつけた。

「マウリツィオがみんなをデ・ソーレの敵にしてしまったから、彼は憎まれていた」とリッチはいう。だがデ・ソーレは自分の主張を貫いた。工場の駐車場で殴り合いの寸前までクラウディオ・デッリノチェンティとやりあったあと、デ・ソーレは敵とうまく折り合っていけるようになった。

「やっとのことでクラウディオと膝をつきあわせて、いったい何がうまくいかないのかを私に説明しろと頼めるところまでいったんだ」。デ・ソーレはいう。「そこで問題は、計画性と意思決定が欠けていることだとわかった。黒革を買う必要があるのか？　いいよ、それじゃ注文しよう、そういえばいいんだよ」。デ・ソーレはデッリノチェンティを信頼し、製品部長に引き立てた。

「最初あんたは敵だったが、いまでは友だちだ」。デ・ソーレはのちに、外見は熊のようだが優れた知性を持っているデッリノチェンティにいった。

「デ・ソーレはグッチ最大の資産だった」とかつてはデ・ソーレのことがあまり好きではなかったセヴェリン・ウンデルマンはいう。「彼は風にしなる柳のようで、たわむけれどけっして折れない」。最初は創業者一族を、つぎにインヴェストコープという重荷を背負わされたグッチを、デ・ソーレは見捨てなかった。こづかれ、バカにされ、過小評価されながらも、あきらめたり逃げ出したりしなかった。

「ドメニコ・デ・ソーレはグッチが一企業としてどう経営されていくべきか、苦境を脱するためにはどうしたらいいかを理解している唯一の人物だった」。リッチはいう。「デ・ソーレが指揮を執ったときが会社の転換点でした。デ・ソーレは人々の意欲をかきたてることにかけては、非常に有能でした」

「彼が来てからようやく物事が回り始めました」とマッセッティはいう。「朝から晩まで働きました。早朝だろうが深夜だろうが、ときには日曜日にさえもデ・ソーレはみんなを呼び出すんです。仕事から逃れられる時間が一分たりとなくなり、みんな悩まされました。同時に二つも三つも会議を開き、その全部を走り回ってこなすんです。会議室はいつも足りない状態でした」

その間もフランツは、何年間も打ち捨てられていたためにぼろぼろだったフィレンツェのスカンディッチ社内を改装し、拡張するよう命じ、新しく美しい役員室を設けた。経営陣を支える社員と秘書たちは再教育され、能力向上がはかられた。経営管理や語学力が不足している従業員が多かったためだ。

フランツは毎日のように工場に足を運んで、職人たちと話をして彼らが働く姿を見つめた。「これまで長年、実体のない金融サービスの仕事にたずさわってきたからね」。フランツはいう。「だから職人たちがハンドバッグを作っていく作業を見ていると楽しかった。革を何層も重ねて木型に巻きつけていくんだが、間に新聞紙をはさんで保護するんだ。いまでは新聞紙よりはるかにいい合成素材があるのだろうが、職人たちはそれが伝統だからという理由で新聞紙を使うのをやめないんだといっていた。バッグの中に入れるためにイタリアの古新聞をていねいに切り抜いてたくさんためていた」

「マウリツィオにかわってグッチを見るようになってから、私はインヴェストコープの経営委員会の一人としてではなく、グッチの側に立って、この会社を成功させるためにできるかぎりのことをするのが自分のつとめだと決めたんだよ。私はグッチに心酔してしまった」

ネミール・キルダールが、またもやもう一人インヴェストコープの有能な人材をグッチに奪われたと気づくまでに長い時間はかからなかった。フランツは翌年、新しい投資物件を開拓するために極東に異動させられた。

「三人も犠牲者を出したよ」。キルダールはのちに皮肉たっぷりにいった。ポール・ディミトゥルク、アンドレア・モランテとビル・フランツをさしている。「私だってグッチに惚れ込んでいるよ」。彼は認めた。「だが自分の会社で働く人間がグッチに心を奪われることは望んでいない。インヴェストコープでは常時一〇件以上の取引が進行していた。もし取引のたびに一人ずつ人材を失っていたら、商売は成り立たなくなる」

グッチの人事部長であるリッチは、一五〇名にのぼる解雇を組合からの突き上げなしに成し遂げ、フランツにパーティーを開きたいと申し出た。

「パーティーだって?」。フランツは驚きで息を呑んだ。

「誰もが、パーティーを提案するなんて、と私を陰で笑っていましたが、すべて終わったところでカセッリーナで盛大に催したんです。そんなことがと思われるでしょうが、みんなにとってパーティーが一つの節目になりましたね」。リッチはいった。一九九四年六月二八日の夜、工場事務所の裏手にある芝生にテーブルを並べ、仕出し料理が運び込まれて、招待されたグッチの従業員や製品・素材供給者たち一七五〇人は、グッチ家が親族内で争っていたとき、ハンドバッグが投げつけられたその芝生の上で豪勢な立食パーティーを楽しんだ。

「パーティーはこの上もなく重要でした」。アルベルタ・バッレリーニはいった。「それは一つの証でした。グッチがフィレンツェに戻ってきて、フィレンツェ発祥のフィレンツェの企業であることを証明するものだったのです」

一九九四年五月にドーン・メローはグッチのクリエイティブ部長を辞任してニューヨークに戻り、バーグドルフ・グッドマンの社長となったので、インヴェストコープは彼女の後任を見つけなくてはならなかった。ネミール・キルダールは大物デザイナーを連れてくることをしばらく考えたが——ジャンフランコ・フェレ並みの著名人がいいと思っていた——インヴェストコープの顧問でグッチの役員でもあるセンカー・トーカーは、すぐさまその希望を退けた。

「グッチにはフェレのような大物を起用するだけの金はないし、現在名の通ったデザイナーで、現状のグッチでひと肌脱ぎたいというような人はいないと説明したんです」。トーカーはいった。「自分の名声に傷がつく危険はおかしたくないでしょうから」
メローはトム・フォードを推薦した。若くて名前は知られていないけれど、トーカーは
フォードに好印象を抱いていたし、彼ほど聡明で感性豊かで理路整然としていて、責任感
があり有能なデザイナーはほかに見当たらず、そもそも彼はこれまでもグッチの一一もあ
るコレクションをたった一人で全部デザインしてきたではないか！
「そうだ、トム・フォードがいた！」。センカー・トーカーはインヴェストコープに、ぜ
ひフォードをクリエイティブ・ディレクターに任命するよう働きかけた。「グッチはトム
によってファッション・ブランドに変身したんですが、当時は誰も彼がそれを成し遂げた
ことに気づいていませんでした」。トーカーはいう。
当時フォードはグッチでの仕事に疲れ果てて意欲を失っており、辞めようと考えていた。
マウリツィオとドーンにいわれるままにグッチのコレクションを四年間にわたってデザイ
ンしてきたが、欲求不満がつのる上に燃え尽きていた。社内では議論が沸騰していた。グ
ッチはこのままマウリツィオが提唱した「クラシックなスタイル」を続けていくべきか、
それとももっとファッション性を採り入れた方向へと転換すべきか？
「マウリツィオにはどんなことでも強固な自分の視点があったよ」。フォードは振り返る。
「グッチのデザインは、丸く茶色で曲線的で女性らしく柔らかい触り心地でなくてはなら

なかった。ぼくはずっと黒でいきたかったのにね」

「グッチのクリエイティブ・ディレクターを引き受けようか迷っていると相談したら、みんな口をそろえていった。『やめとけよ！』」とフォードはいう。

ニューヨークに短期間旅行するときには、ほかのデザイナーも占ってもらっているという、人気の占星術師に自分の運勢を見てもらうほど迷っていた。「グッチを辞めたほうがいい、これ以上いてもあなたにはいいことが何もない」。占星術師はフォードにいった。

クラシック路線か、それともファッション路線かの論争がますます激化する中で、デ・ソーレとフォードはひそかにファッション路線を選択することで同意していた。

「賭けであることはわかっていたけれど、それしか道はなかったね」。デ・ソーレはいう。

「誰もいまさら紺色のブレザーなんて欲しがらないよ」

フォードはそのとき自分が、いささか色褪《いろあ》せてはいるものの、世界でも有数の一流ブランドの全製品を、自分が好きなようにデザインする自由を渡されたのだと理解した。

「製品の方向性など誰も気にかけていなかったよ。経営状態があまりに悪くて、誰も商品のことまで気を回している余裕がなかったんだ。ぼくの手にはデザインについて全権を握る鍵が渡された」。フォードはのちにいった。

メローとマウリツィオの影をふるい落として、独自の感性でデザインするには一シーズンはかかるといいつつ、フォードはおそるおそる一九九四年一〇月に単独のコレクションを発表した。ミラノ・フィエラで開かれたショーでは、オードリー・ヘップバーンの『ローマの休日』の甘い雰囲気を採り入れ、フェミニンな花鉢の柄のサーキュラースカートとモヘアのセーターの組み合わせなどを打ち出した。今日のグッチに見られる硬質な鋭いラインとは大ちがいだ。

「かなりひどいコレクションだったよね」。彼ものちに認めている。

そして突然、風向きが変わった。世界中のグッチの店長たちがコレクションにすばやく反応したのだ。

「マウリツィオが会社を出ていってから半年もたたないうちに、日本人が大挙して店にやってきました」。グッチUK代表取締役だったカルロ・マジェッロがいう。「日本人はグッチに対する見方を変えていました。一年半にわたって彼らはルイ・ヴィトンを競って買っていましたが、突然グッチを購入し始めたのです」

「需要がはね上がりましたよ」。グッチのチームに加わったばかりだったインヴェストコープの若手役員、ジョハンヌ・ヒュースも同意する。「ある日突然、商品棚にいくら補充してもバッグがなくなってしまうようになったんです」。マウリツィオの信念が正しかったことがようやく証明された。劇的なばかりに情況が変わり、いきなり生産が追いつかない状態になった。

デ・ソーレはフィレンツェ郊外の舗装されていない埃っぽい道に車を走らせ、トスカーナ地方の丘をのぼって昔から今にいたるまでグッチに製品を供給していた人たちを洗いざらい訪ねて回りながら、いまこの機会を逃してはならないと心していた。グッチに裏切られて幻滅していた製造業者たちに、どうかもう一度製品を作ってほしいと頼むと同時に、新規の供給者を開拓した。品質が高く、ほかにはない特別な技術を持ち、生産性が高い業者には特別ボーナスを支払った。これは売れる、と彼にはわかっていた、昔ながらのグッチの売れ筋商品を作るよう注文し、企画から製造、技術の工程の流れをできるだけ単純化するシステムを練り直した。一方フォードは、グッチのクラシックな型番にいくつか新しいひねりを入れてデザインを手直しした。以前リチャード・ランバートソンがデザインしたバックパックはたっぷり入る大型で、背中に背負うストラップとバンブーの持ち手の両方がついていたが、フォードはこれを小ぶりにした。新しいミニバックパックはめざましい成功をおさめた。デ・ソーレはハワイの店からミニバックパックが飛ぶように売れていると知らされ、デッリノチェンティに電話をかけた。

「クラウディオ、ドメニコだ。在庫注文をかけたいんだ。ミニバックパックを三〇〇〇個頼みたい」。それはむちゃだと反対するデッリノチェンティに彼はいった。「心配するな。

私が引き受ける。とにかくやってくれ！」

この製品最大のポイントになっている持ち手のバンブー素材が不足すると、グッチは昔から取引している供給者以外の新規業者を探した。当時バンブーの持ち手は、職人がスカンディッチの地下でブローランプの炎にかざしながら少しずつ手で曲げて優雅な曲線を出していた。だがある一定期間を経ると竹はまっすぐに戻ってしまい、顧客と店から苦情が押し寄せた。職人たちはバッグの修理に奔走し、グッチはよりよい供給者を探し、まもなく一週間に二万五〇〇〇個ずつミニバックパックが製造できるようになった。

一九八七年以来、インヴェストコープはグッチに何百万ドルも投資し、いまだに投資家たちに収益を還元することができずにいた。インヴェストコープは当初グッチへの出資によって、ヨーロッパの優良企業との取引に進出するための足がかりにすることを目論んでいたが、その願いには七年の呪いがかかっているようだった。投資家たちになんとかして利潤を渡したいと切羽詰《せっぱつ》まったインヴェストコープは、会社売却の方法を模索し始めた。とにかく早く解決する方法を見つけたかったインヴェストコープは、一九九四年はじめに時計製造事業で優れた業績をあげているセヴェリン・ウンデルマンにグッチを売却することを真剣に考えた。だが最終的に両者は、会社の価値とウンデルマンの役割をめぐって折り合いがつかず、取引は成立しなかった。インヴェストコープはグッチの売却先として高級ブランドを扱う二社を候補にあげた。一つはベルナール・アルノー率いるLVMHで、もう一つが、ヴァンドーム・ラグジュリー・グループを経営し、カルティエ、アルフレッド・ダンヒル、ピアジェ、ボーム＆メルシエなど数々のブランドを所有するルパート一族のコンパニー・フィナンシエール・リッシュモンである。だが一九九四年に、最近三年間ではじめて三八万ドルの黒字に転換したにもかかわらず、高級ブランド市場でのグッチの評価は当初の予想を裏切ってさほど高くなかった。インヴェストコープは少なくとも五億ドル以上を望んでいたが、それよりもはるかに低い三億から四億ドルの買い値しかつかなかった。

「周囲の雰囲気としては『グッチはしぼれば利益は出てきそうではあるが、相当必死にしぼらなくてはならないだろう』という見方が大勢をしめていた」とトーカーはいう。

キルダールはかつてスーツケースを二七セットも買いつけたブルネイ国王を、もし会社を丸ごと買ってくれるなら真剣に買い手候補にあげようとさえ考えていた。

インヴェストコープがグッチ売却を考えている間も、トム・フォードはデザイナーとして大きく進歩し、注目を浴びるデザインをつぎつぎと発表していった。ミニバックパックの大成功に引き続き、グッチのクロッグサンダルが脚光を浴び、売れ行き好調だった。一九九四年一〇月、〈ハーパース・バザー〉誌が「罪つくりなほど高いヒール」といったスティレットは、世界中の店で予約待ちとなるほどの人気となった。

「トムは毎シーズン二、三点、必ず大人気となる製品を打ち出していく方法を知っていた」というのはアシスタントをつとめていた袴着淳一である。「毎シーズンすばらしい靴とバッグをそれぞれ二点ずつ出しました。つねにアンテナを張って、つぎに流行りそうなものを探していました」。そういって、フォードが少数精鋭のデザイン・チームに、古い映画や雑誌の切り抜き、フリーマーケットでの掘り出し物、それにグッチにふさわしいとひらめいた色やスタイルやイメージをつぎつぎと見せてはヒントを与えていたと話した。フォードはデザイン室に入ってくると、テーブルの上に大げさな身振りで雑誌の切り抜きを広げる。「さあ、これがグッチに必要なものだ！」

「失敗作もありましたよ」。袴着は認める。「最初クロッグをファーで作ったんですが、どう見てももこもこしたスリッパにしか見えないんです。大笑いしました」

「彼は誰よりも野心的でした」。袴着は続ける。「成功したいことを少しも隠さなかった。会議のときだってまるでテレビに出演しているみたいに、スーツを着て、大きな声で話し、自分のイメージを売り込んでいる感じでした。人前に立つと彼はスイッチが入るんです」

最初は熱い話題を提供する流行の商品を毎シーズン二、三点ずつ打ち出していきながら、しだいに全製品分野にまたがって自分の考えを浸透させて一つのまとまったコレクションにし、トム・フォード独自のスタイルを作り上げていった。アイデアの元になるのは映画や助手たちとの話し合いで、ときには同じ映画を何回となく見て、雰囲気を自分の内に染み込ませた。自分とデザイン・チームにこう問いかけることから始めた。

「この服を着る女の子は誰？　彼女は何をする人？　この服でどこに行く？　彼女の家はどんな感じ？　どんな車に乗ってる？　飼っている犬は？」

このやり方はコレクションの全体像を作り上げるのに役立つと同時に、グッチの新しいイメージを作り上げる過程において、何百何千と決定していかねばならない事柄の判断基準となった。新しいグッチのイメージを作ることにフォードは興奮し、全身全霊で打ちこんだ。

フォードはまたつぎの新しい流行を探るために、世界中の都市にしょっちゅう視察旅行に出かけた。世界中に散らばるスタッフからフリーマーケットや先端的な店の情報を送らせた。パートナーのリチャード・バックリーとともに、ミラノからパリ左岸のアパートに本拠地を移し、夜にはそこでアイデアを練った。バックリーはファッション・ジャーナリストとしての仕事を続けており、フォードに情報を提供し、ほかのファッション・メーカーの様子を話して市場の全体的な流れを説明した。バックリーはまた、有名人たちが何を着てどんなものにお金を使っているかを観察した。何時間もシャンゼリゼの大型ＣＤ店で過ごし、ファッションショーのための音楽を見つけてきた。

「つぎに流行るものは、ここパリにある」とフォードはいった。「いま生きている時代の一部となり、その時代精神を感じとり、それを形あるものに変えるのが仕事だ」

はじめて単独でデザインしたメンズウェアのショーは、シーズンごとに開かれる紳士物見本市のピッティ・ウオモ展開催期間中、グッチにとって思い出深いフィレンツェのカルダイエ通りのオフィスでこぢんまりと開かれた。グッチの職人たちが昔バッグを縫っていた、上階にあるフレスコ画天井の部屋で、ジャーナリストたちは折り畳み椅子に座り、がっちりとした体格のモデルたちがあざやかなヴェルヴェット地で仕立てられたぴちぴちのスーツに、メタリックな型押し革のモカシンをはいてカーペットが敷かれた通路を歩くのを眺めた。

「ピンクのスーツを着たモデルが登場したときのドメニコの顔はぜったいに忘れられないよ」。フォードはのちにいった。「衝撃を受けていた。モデルは身体にぴったりとはりつくようなピンクのモヘアのセーターにヴェルヴェットのパンツにメタリック・シューズをはいていた。ドメニコは口をぽかんと開けていたよ。仰天したんだろうね」

ジャーナリストたちが興奮して拍手喝采し、フォードは自分の時代がやってきたと知った。グッチで働き出してから四年目にしてはじめて、彼はショーの舞台に出て、挨拶をした。顔には、おもしろい冗談を思いついて誰かに話したいというような笑みを浮かべていた。

「たまりにたまったものがあったんだ。マウリッツィオやドーンがいたときにはショーの舞台に出ていくことは許されなかった。だからこのショーがチャンスだと決めたんだよ！　誰の許可もいらないし、ぼくがこのショーを構成し、これでいいと満足のいくデザインをしたんだから、いまこそ挨拶をしなくてはね。前に進みたいのなら、ときには思い切ったことも選択しなくちゃ」

デ・ソーレにとっては衝撃だったが、ファッション・ジャーナリストたちは大興奮だった。翌日デ・ソーレと妻と二人の娘たちは、休暇の滞在先であるドロミテ渓谷のコルティーナ・ダンペッツォで、コレクションをべた褒めする批評を興奮して読んだ。

フォードに対して周囲は高い評価を下すようになり、それまで彼がグッチでやってきたことがようやくはっきりとした形で実を結びつつあった。三月に行われたウィメンズウェアのショーにやってきたマスコミとバイヤーたちは、だだっぴろいフィエラの会場ではなく、ミラノのジャルディーニ協会のまばゆいシャンデリアの下に座って、興奮を抑え切れない様子で開始を待っていた。ジャルディーニ協会は通常はミラノの上流階級の社交的な催しに利用されている会場で、国際的なファッション業界の催しに使われたことはそれまでなかった。二三年前にマウリッツィオとパトリッツィアが結婚式を挙げたまさにその部屋でショーは開かれた。その夜ショー会場には、はちきれそうなほどの興奮が渦巻いていた。フォードがどんなショーを見せるのか誰もが好奇心でいっぱいだ。フォードは今回はじめて、ファッション業界で引っ張りだこの人気プロデューサー、ケヴィン・クライアーを起用し、トップモデルを集めた。「トップモデルを使って、一流のプロデューサーに任せるなんてぼくたちにとっては一つの大きな賭けだった」とフォードはいう。

会場が突然暗転し、激しく叩きつけるようなビートがラウドスピーカーから響き、真っ白のスポットライトが舞台を照らした。その瞬間、モデルのアンバー・ヴァレッタがしゃなりしゃなりと舞台に登場し観客は息を呑んだ。若いころの小粋《こいき》なジュリー・クリスティーそっくりだ。ヴァレッタはライムグリーンのサテンのシャツをへそまで開けて着て、身体にぴったりとフィットしたブルーのヴェルヴェットのパンツをはき、ライムグリーンのモヘアのコートをはおっていた。足元はスタックヒールのエナメル革のパンプスだ。乱れた髪が目をおおうほどにかぶさり、かすかに開いた唇にはきらきらと光る薄いピンクの口紅がひかれていた。

「おお、これはおもしろそうだ」。サックス・フィフス・アヴェニューの上級副社長で商品部長のゲイル・ピサーノは思った。音楽の振動で椅子がびりびりと震え、モデルたちがぎらぎらとまぶしいほどのスポットライトを浴びて登場するたびに、観客たちは「おお！」「ああ！」という歓声を上げた。一点出てくるごとに、前よりももっと美しく衝撃的で、感嘆の声はおさまることがなかった。

「ホットだった！　セクシーだった！」。ニーマン・マーカスの上級副社長でファッション担当部長のジョーン・ケイナーはいった。「モデルたちはみんなプライベートジェットから降りてきたみたいだった。彼の服を着ると、なんでもできて、すべてを持てる最高の暮らしができる人みたいに見えるのよ」

なまめかしい濡れたような唇、ヴェルヴェットのヒップハンガーのパンツ、サテンのシャツとモヘアのジャケットは世界中のファッション雑誌の表紙と特集ページを飾った。「肩の力が抜けた色っぽさに、観客たちは興奮で身震いし釘付けになった」と〈ハーパース・バザー〉誌は書き、〈ニューヨーク・タイムズ〉紙のエイミー・スピンドラーは、一九八三年にシャネルを刷新したドイツ生まれのデザイナーにちなんで、フォードを「新しいカール・ラガーフェルド」と名づけた。

「コレクションを作り始めたときからきっと大ヒットするとわかっていたよ」。フォードはのちにいった。「持てるエネルギーのすべてを注ぎ込み、自分のアイデアを形にすることができると確信した。あのコレクションがぼくのキャリアを変えた」。だが翌日ショールームに入ってはじめて、どれほどすごい成功だったかを彼は実感した。

「中に入れなかったんだよ。ショールームは大入り満員だった。大混乱でヒステリー状態になっていた。バイヤーたちは約束もなしに引きも切らずにやってきた。ショーを見もしないで噂を聞いてやってきた人もいたんだ」

ジェットセット族がすぐさまグッチに飛びついた。エリザベス・ハーレーはグッチの専売特許である黒革のブーツをはいて、「不良少女風」フェイクファーをはおった。一九九五年一一月にマドンナはフォードがデザインしたシルクのブラウスとヒップハンガーのパンツをはいてMTV音楽ビデオ賞の授賞式に出席した。グウィネス・パルトロウは真っ赤なヴェルヴェットのパンツスーツでファンを悩殺した。ジェニファー・ティリー、ケイト・ウィンスレット、ジュリアン・ムーアをはじめ、スターたちが続々と全身グッチの装いで目撃されるようになった。トップモデルたちでさえも舞台裏で大騒ぎした。トム・フォードはターゲットにしている人たちに自分の服を着せることに成功したのである。

「グッチの歴史は輝かしいよ」。フォードはいった。「映画スターやジェットセット族が身につけるグッチというイメージを踏襲して、一九九〇年代にふさわしいものを作ったんだ」

最初の大成功のあと、フォードは数々のマスコミのインタビューやディナーパーティーをこなし、パリに戻った。すぐにベッドにもぐり込んだ。

「ショーのあとはいつもなんだけれど、高熱を出して喉が焼けつくように痛くなって寝込んでしまうんだ。数日間ベッドから動けなかった」。フォードはいう。それからドメニコ・デ・ソーレに電話した。

「ドメニコかい？　トムだよ。話したいことがあるんだ。パリに来てくれないかな」。デ・ソーレは不安をおぼえつつ承諾した。

フォードは秘書に頼んで先端的すぎない高級レストランの特等席を予約させた。重大な仕事の話をするのにふさわしい場所だ。ベッドからよろよろと起き上がると、よそいきの格好をして――シャツ、パンツ、ジャケットにネクタイも締めた――ブリストル・ホテルの中にあるレストラン、ル・ブリストルでデ・ソーレに会うために出かけた。

デ・ソーレがやってくると、フォードはすでにホテルの一階にあるかしこまったレストランの席についていた。ふだんひいきにしているレストランではない。「客はほかに誰もいなくて、ロウソクが灯され、音楽が演奏されて、花が飾られている部屋の壁ぎわに礼儀正しい給仕たちが控えているフォーマルな場所だった」

デ・ソーレは、青と赤の花柄のカーペットが敷かれ、リネンのテーブルクロスがかかったテーブルの間を歩いて、奥まった席で彼を出迎えるために立ち上がったフォードのところまでやってきた。最初二人はぎごちなく話は弾まなかった。フォードは居心地が悪そうなデ・ソーレに向かってにやりと笑い、芝居がかった口調で切り出した。「ドメニコ、今夜きみを呼び出した理由を知りたいんじゃないかな」

「そうだよ、トム、そのとおりだ」。デ・ソーレはフォードがよく知っている、首を回して緊張をほぐそうとする神経質な動作をしながら答えた。

いたずらっぽい表情でフォードはいきなり手を伸ばしてデ・ソーレの手を握った。

「ドメニコ、結婚してくれ」

デ・ソーレは息を呑んで言葉もなく彼を見つめた。

「よほどショックだったんだと思うよ！」。フォードはうれしそうにくすくす思い出し笑いをしながらいった。「まだぼくのユーモアのセンスに慣れてなかったからね。一緒に仕事をするようになって日が浅かったし、ぼくが何を企《たくら》んでいるのか見当もつかなかったんだ」

フォードはデ・ソーレに、新しい契約条件と報酬の引き上げを要求した。

「最初にショックを与える作戦だった」。フォードは認める。「それから『もう前とは状況がちがうだろう？　ぼくはグッチでこれからも働きたいと思っているけれど、それにはこれだけのものが必要だ』と切り出した」。そのとき取り決めた具体的な条件は明かさなかったが、「会社とプロとしての関係になったのはあのときだ」とだけいった。

それからわずか二週間後にマウリツィオが射殺された。リック・スワンソンはその朝オフィスに入ろうとしたとき、インヴェストコープの秘書から知らせを受けた。「驚きのあまり私はその場に立ち尽くした」とスワンソンはいう。「人生がこれから始まる若い男の子が殺されたように感じた。私の目にはマウリツィオが、いつになっても駄菓子屋に走っていく小さな子どもみたいに見えていたから」

トム・フォードはフィレンツェのトルナブオーニ通りにあるグッチ店に新しく作られたデザイン・スタジオで、一九九六年春夏コレクションの準備をしているところだった。ビル・フランツとドメニコ・デ・ソーレはスカンディッチの本社内で仕事をしていた。ドーン・メローは友人の一人が知らせてきたとき、ニューヨークのペントハウスで眠っていた。アンドレア・モランテは新しい企業合併の仕事のためにミラノからロンドンに戻る飛行機の中だった。ネミール・キルダールはロンドンの自宅を出てオフィスに向かおうというときだった。世界中でマウリツィオを知っていた人たちは悲報を聞いて悲しみ、そしてとまどった。彼らに輝きをくれた人が、暴力によって謎の死をとげた。

グッチの広報は、マウリツィオはすでに二年間社となんのかかわりもないと一生懸命になって記者たちに説明して、できるかぎりその死と距離を置こうとしたが、ミラノ地方検察官のカルロ・ノチェリーノはグッチのスカンディッチ工場へと何回となく足を運んだ。毎日のように、グッチの秘書たちは彼を古い大きな会議室に通し、ノチェリーノは書類をめくってマウリツィオの死の謎を解こうとしたが徒労に終わった。

インヴェストコープは株式を公開する計画が、この殺人によって暗い影を落とされないかと躊躇《ちゅうちょ》した。だが騒ぎはしだいにおさまり、インヴェストコープは予定どおり株式市場への上場を進めることにした。

グッチが株を公開するとなると、独自のCEOが必要となるとインヴェストコープは気づいた。一九九四年、キルダールは高級品市場に経験豊かな人材を外部で探し始めたがすぐにあきらめた。ふさわしい候補者を見つけるのがむずかしかったからだけではない。そもそもキルダールが希望する水準で幅広い技能を持ち、イタリア語を話す人材はいなかった。それ以上に、やがて売却される会社にわざわざ社長として入るなど、頭の働く人間ならば考えないだろうと気づいたからだ。キルダールはグッチ社内での人材に目を向けた。インヴェストコープの役員たち数名から、経営者としての敏腕さと意欲的な姿勢が評価されていたデ・ソーレを推薦されて、キルダールは彼に着目した。

「そのときまでにわれわれは、ドメニコが会社の方向転換にあたって果たした役割の重要性に気づいていた」とキルダールはいう。「その決断力、能力、トム・フォードとの関係、どれをとっても彼こそCEOにうってつけの人物だった」

一九九五年七月、インヴェストコープはドメニコ・デ・ソーレをグッチのCEOに任命した。一一年間にわたるグッチでのキャリアで、ついに彼は自力でトップの肩書きを獲得した。だが、グッチのトップに立つビジネスマンと、グッチの主任デザイナーは、どちらがより力を持つかで張り合った。

昇進からまもなく、スカンディッチに立ち寄ったデ・ソーレは、フォードとアシスタントがハンドバッグの新しいラインを検討する会議に出た。

フォードは部屋に入ってきたデ・ソーレにいった。「われわれだけにしてくれないか？きみがいると集中できないんだ。話はあとにしてくれ」

それを聞いたデ・ソーレはびっくりしたが、すぐに部屋を出ていった。会議が終わってフォードが出てくると、怒り狂ったデ・ソーレがすぐに上階の自分のオフィスまで来るようにと電話をかけてきた。

「会議から私を追い出すなんて、いったい自分は何様のつもりなんだ？」。彼は若いテキサス生まれのデザイナーを怒鳴りつけた。「私は社長なんだぞ。そういう態度は許さない」

「あんたはたしかに社長だよ。でもあんたが会議に出れば、ほかの連中の前でぼくの示しがつかなくなる。もしぼくにデザインを任せたいのだったら、製品に口出しするんじゃない！」。フォードは一気にまくしたてた。

喧嘩は駐車場にまで持ち越された。

「くそったれ！」

「くそったれはおまえだろうが！」

「くたばれ！」

「そっちこそくたばりやがれ！」

当時デ・ソーレと衝突したことを、いまフォードは笑って話すし、デ・ソーレはそんなこともあったかね、と軽く受け流す。だがこの喧嘩のおかげで二人はお互いの縄張りを明確にし、すぐに水も漏らさぬ親密な仲となった。最初から一緒に会社を興したわけではないし、以前から個人的に親しかったわけでもない経営者とデザイナーは、業界では前例がないほど信頼しあった関係を築くことになった。

「喧嘩のあと、ドメニコはデザインに関してはぼくを全面的に尊重してくれた」とフォードはいう。「ぼくが確信を持ってやっているのだとあの人は理解し、その確信がいい結果をもたらすとやがてわかってくれた。彼はぼくを信頼し、ぼくはその信頼がどれほど深い

（右）新生グッチのブランドイメージを作り上げたクリエイティブ・ディレクターのトム・フォード。2004 年 4 月にデ・ソーレとともに退任。（グッチの厚意により掲載）
（左）親族間の争いから買収攻勢まで何度となく社存亡の危機にさらされたグッチ社で、しぶとく生き残ったドメニコ・デ・ソーレは 2004 年 4 月まで CEO をつとめた。（グッチの厚意により掲載）

か察せられて、彼を全面的に信頼するようになった」

デ・ソーレは、自分はデザイン分野でのフォードの実力に嫉妬したことはないという。「トムにいったよ。私がコレクションをデザインするわけじゃない。私は経営者で、デザイナーじゃないんだってね」

「われわれがこれほどまで息の合ったチームになれたのは、二人とも仕事に取りつかれていたからだ」とフォードはつけ加えた。「彼はビジネスを強固なものにしようと躍起になっていた。われわれは駆り立てられるように仕事しまくったよ」。そこでいったん口をつぐんで口調を変えた。「われわれはきっと成功する！　それしかない！　しかも二番手じゃだめだ。ドメニコを信頼したもう一つの理由はそこにある。ドメニコはけっしてしくじったりしないとわかっていたから、ぼくは自分の将来を彼に預けた。

外野は、デ・ソーレがトム・フォードに大きな権限を与えすぎていると批判し、グッチのトム・フォードではなく、トム・フォードのグッチにしようとしている、フォードが出ていくかとどまるかの決断に会社の浮沈がかかる危険性がある、といった。だが、グッチのビジネスは、デ・ソーレの経営手腕とフォードの創造力が、微妙な力関係で綱引きしながら進められた。ロンドンのスローン通りにある旗艦店《フラッグ・シップ》を、トム・フォードが考えた計画に従ってばく大な経費をかけて改装したときも力関係への疑問の声があがった。フォードは計画への干渉を断固として許さなかったが、あとで消防基準を満たすために最初の経費をはるかに上回る金をかけてやり直さなくてはならず、マウリツィオがかつて経費を使い過ぎだと非難されたことなど足元にも及ばない無駄遣いとなった。それでも二人の力でグッチは再建への歩みを止めなかった。

フォードのコレクションは大ヒットとなって店頭をにぎわし、一九九五年夏までに秋の株式公開に向けての準備が急ピッチで進められた。インヴェストコープは株公開を扱うトップのマーチャントバンク（株券発行と外国貿易に関する為替手形の引き受けを中心に主に企業相手の金融業務を行う特殊銀行）として、モルガン・スタンレーとクレディ・スイス・ファースト・ボストンの二行を選んだ。スワンソンは準備を監督し、社の歴史と財務の情報を慎重にまとめ、新しい経営チームを形作っていった。

グッチの売上高は、一九九五年の上半期は一九九四年上半期と比較して八七・一パーセント も跳ね上がり、もっとも大胆な予想さえも上回った。その年の終わりまでに五億ドルを超え、買い取りを検討していたLVMHとヴァンドームの前年の予測をはるかに超えた。「マウリツィオがいつもいっていたのを思い出すよ。『見ていろ、いまに爆発的に売れるから!』。社内ではみんなひそかに笑って、『爆発的になんか売れっこないよ。商売がそんなにうまくいくはずがない』といってたんですがね」。スワンソンは思い出す。「ところが本当に爆発的に伸びたんですよ」

八月に、秋からIPO、新規公開株公募（未上場企業が新規に株式を証券取引所に公開し投資家に株式を取得させること）を行うと決まったところで、最初に低い買い取り価格しか提示してこなかったヴァンドームが、当初の二倍以上となる八億五〇〇〇万ドルでグッチを買いたい、とあらためてインヴェストコープに申し入れた。インヴェストコープはあらたなジレンマに悩んだ。いま現金を手に入れるべきか、それともIPOを進めるべきか。

インヴェストコープはアドバイザーたちと申し入れを検討したが、アドバイザー側の意見は、会社には一〇億ドル以上の価値があるとの判断だった。「ヴァンドームの言い値よりもっと高く売れるはずだ」と彼らはいった。

ＩＰＯ業務の担当者であるインヴェストコープの上級役員の一人が、南仏で休暇中のキルダールに電話をかけた。キルダールはコートダジュールの青い海原を見つめながら報告に耳を傾けた。ヴァンドームに売却してグッチから手を引くべきだという意見がインヴェストコープで大勢をしめたにもかかわらず、キルダールは動かなかった。グッチの潜在的可能性を信じ続けていたからだ。

「これぞと思われる一社があらわれるまでは、売却することはない」。報告を聞き終わったキルダールはいった。

投資家の目論見書として、ＩＰＯを承認する前にアメリカの証券取引委員会の規定に従った詳細にわたる財務書類を作成するために、インヴェストコープのグッチ担当チームは、従業員たちに計画をさとられないように会社から離れたところで内密の会議を開いた。チームの一人、ジョハンヌ・ヒュースはいう。「会議はフィレンツェ郊外の、隙間風が吹き込む寒々とした古い城の中で開かれました。暖炉で火が勢いよく燃えて仕事ができる温度になるまで部屋をあたためていたのですが、突風が煙突から吹き込んで部屋中に火の粉を撒き散らし、火事になったんです。世界でもトップクラスにある投資銀行との会議だというのに、部屋中に煙が立ち込めてみんな咳込み、悪態をつきながら書類を引っつかんで逃げました」。ヒュースはそのときのことを思い出して笑った。銀行家の一人は次回の会議に消防士の帽子をかぶってあらわれた。

九月五日、インヴェストコープはグッチの株式公開計画を発表し、世界の証券取引所でグッチ社の株の三〇パーセントを売りに出すと宣言した。それでもインヴェストコープが七〇パーセントの株を握り、過半数を支配していることは変わりない。つぎの段階として、グッチ株が店頭公開されたときに株取引を行うヨーロッパとアメリカの投資銀行を回って、会社について説明する義務的な巡回販売の準備が進められた。

国際的に活躍する経済アナリストが、デ・ソーレに容赦ない質問を浴びせるにちがいないと予測したインヴェストコープのマネージャーたちは、演説の草稿を準備し、デ・ソーレに暗記させて専門の指導者を雇って練習させた。「アドリブはいっさい出してほしくなかった」とヒュースはいう。

土壇場になって思いもかけない事態が起こり、三週間の予定だったデ・ソーレの準備期間は二日に短縮された。アメリカの証券取引委員会が、予想もしなかったことにグッチの目論見書の一部を書き換えるようインヴェストコープに要請し、ミラノの証券取引委員会が、近年大きな損失を出していたという理由で、グッチの上場を拒否したからだ。「ヨーロッパ市場で上場することが重要だ」とヒュースはいって、グッチを引き受けてくれるほかの証券取引所を大急ぎで探した。ぎりぎりのタイミングでアムステルダムの証券取引所がやっと引き受けた。

「イタリアのオペラみたいでしたね」とヒュースはのちにいった。「準備が何も整わず、全部うまくいかなくて混乱状態だったのに、最後の最後になってすべてがうまく回って一件落着となったんですから」

完璧にスピーチをこなしたデ・ソーレとほかのメンバーたちは、ヨーロッパから極東地域、アメリカまで回ってグッチについて語り、しだいに株式公開への興奮を高めていった。ついにインヴェストコープは四八パーセントまで売却を増やした。ニューヨークで証券会社に募集をかける前夜、役員たちは遅くまで働き、販売の最終的な詰めを行った。売り値は一株二二ドルからとなり、それは予想価格帯の最高額で、すべての注文を集計した時点で、グッチの売り値は募集額の一四倍にのぼることが判明した。二年前にどん底まで落ち込んだ会社であることを考えると、めざましい成功である。

一九九五年一〇月二四日朝、ドメニコ・デ・ソーレとネミール・キルダールをはじめ、グッチ側のチームとインヴェストコープの役員と銀行家たちは、ニューヨーク証券取引所の荘厳なルネサンス様式の建物の正面入口に入っていった。イタリアの国旗が星条旗の隣に掲げられている。

中に入ったデ・ソーレは、グッチの幟《のぼり》が取引所の上部に掲げられ、大きなデジタル掲示板に「本日の注目株：グッチ」と表示されていることに驚いた。取引は慣習どおり九時半に開始され、グッチ株への駆け込み注文が殺到したために大混乱となった。一〇時五分ごろにやっと再開されると株価はたちまち上昇し、二二ドルから二六ドルに跳ね上がった。デ・ソーレはスカンディッチの工場に電話をかけ、全従業員をカフェテリアに集めるように頼んだ。カフェテリアの拡声器を通して、デ・ソーレは誇らしげに世界中の従業員一人あたり一〇〇万リラ（六三〇ドル）のボーナスを支給すると宣言し、大歓声が起きた。

ちょうど一年前、LVMHとヴァンドームの幹部は、グッチが一九九八年には売上高四億三八〇〇万ドルに達するだろうという予想を鼻であしらった。だが一九九五年次のグッチの収益は、五億ドルという創業以来の最高額を達成した。

一九九六年四月、インヴェストコープは第二次売却を完了し、第一次よりも大きな成功をおさめて、グッチは七四年間の社の歴史上はじめて、株式会社となった。フォードが三月に発表したコレクションでは、白いコラム・ドレスに、セクシーに切れ目を入れて、下からまばゆいゴールドのGマークのチェーンベルトをのぞかせるスタイルを打ち出し、またもやファッション好きを夢中にさせて新たなグッチ・ブームを巻き起こした。アメリカとヨーロッパで大小とりまぜた投資家たちが所有する企業となったグッチは、イタリアでは異例の企業体だ。株を公開している企業であっても、イタリアでは株主が集まって作ったシンジケートによって会社がコントロールされているのが通常の形態であり、ファッション産業においては大半の企業がいまだに個人がオーナーだった。

アメリカの市民権を持つ弁護士で、グッチの内紛による浮沈をくぐりぬけ、明るい未来を築こうと奔走しているデ・ソーレには、実はこれから別の挑戦が始まるとわかっていた。いまや彼は、利益志向の株主とグローバルな株式市場の要求に応えなくてはならない。

二回のグッチ株売り出しの間に、インヴェストコープは二一億ドルというすばらしい収益を得て、仲介手数料を支払ったあとの純益は一七億ドルにのぼった。グッチの高収益企業への転換はインヴェストコープの初期投資から一〇年後のことではあったが、一四年間の社の歴史上もっともめざましい予想外の成功をもたらした。

グッチの驚くべき変身と株式上場によるすばらしい成功に促され、高級ブランド企業が続々とニューヨーク証券取引所に上場していった。ダナ・キャラン、ラルフ・ローレン、インヴェストコープが所有している小売業のサックス・フィフス・アヴェニューなどが上場し、一方イタリアのデザイナーブランドを抱えるイッティエッレもミラノ証券取引所に上場した。

グッチの上場は、それまで個別にしか認知されていなかった高級ブランドやアパレル会社が、一つのまとまった企業分野として国際的な株式市場で評価されるきっかけとなった。

グッチが上場する以前、ファッション関連ですでに上場していた数社は、それぞれが共通項のない別個の会社としか考えられていなかった。LVMHは飲料会社だと広く考えられていたし、エルメスはあまりにも小規模で注意を引かれず、イタリアの宝飾品業者のブルガリは近年上場したばかりだったが、やはり一〇〇〇万ドル以下と小規模だった。

「グッチは高級ファッション・ブランドという一つの分野を作りましたね」とヒュースはいう。「二〇億から三〇億ドルの株を売り出したことで、グッチは無視できない大きな分野をつくりだし、人々の目を引きつけました」

グッチの証券募集を促進するために、インヴェストコープは国際的な大手投資銀行に、たとえば航空業界、自動車業界、土木業界など投資銀行が分野ごとに専門的に分析しているように、高級品ブランドをより幅広く対象にした一つの分野ととらえた上で、グッチを分析するようにと勧めた。そのためにインヴェストコープは、アナリストたちが他の競合企業と比較してグッチの強みが理解できるよう、手助けとなる教育プログラムを用意した。参加したアナリストたち——多くが以前にアパレルメーカーや小売業を専門にしていた——は、グッチのファッションショーの一等席に案内され、足で軽くリズムをとりながら、財務分析専門家の目でスタイルも評価しようと苦労した。彼らはコレクションの出来の良し悪しがすぐにビジネスに反映することをあらわす「ファッション・リスク」という言葉を案出し、ファッション関連企業の素材供給、物流、販売までの流れだけでなく、ショーの批評、ファッション雑誌の特集記事やハリウッドのインフルエンサーたちの役割にまで通じるようになった。

投資家たちがグッチ製品について研究を進める一方で、トム・フォードは一一の製品分野全体のスタイルを統一するよう練り直し、製品のイメージをモダンでセクシーなグッチ・ルックに統一した。そこにあらたに、家庭用品のコレクションも加え、黒革張りの犬用ベッドやアクリル樹脂製の餌入れも商品ラインナップに入れた。

フォードは、グッチが六〇年代から七〇年代にかけて展開していた、俗悪さに陥るぎりぎりのところで踏みとどまっている派手なスタイルを、九〇年代風に焼き直したものを作ろうと苦労していた。「趣味がよすぎるとつまらなくなる」と感じていたからだ。だからセクシーさと下品さの間をきわどくかすめていく路線を追求し続けた。

「グッチとして許されるぎりぎりのところまで、セクシー路線を進めていこうとしていた」。フォードはのちにいう。「これ以上ないほどヒールを高くして、スカートを短くしたつもりだよ」。〈ヴァニティフェア〉誌は、Gを二つ組み合わせたグッチのロゴを結び目に入れたGストリングを、その年のもっともホットな流行に挙げた。一月に行われたメンズウェアのショーで、大胆にもフォードはモデルをGストリングだけをつけた姿で登場させ、観客からはとまどいのどよめきが起こったのだが、三月のウィメンズウェアのショーのときにも同じスタイルを登場させた。

「数平方ミリメートルの布地がこれだけ興奮を引き起こしたのははじめてだ」と〈ウォールストリート・ジャーナル〉紙は、Gストリングが世界中の店で売られて、普通の服の売上向上にも貢献していることに驚きを込めて書いた。

グッチの新しい路線が受け入れられるとわかってから、フォードはハリウッド・スターたちの支持を得ようと一生懸命になった。まず仲間に入ろうとした。すでに「これこそ二〇世紀の街だ」と建築やライフスタイルや現代文化への影響力に惚れ込んでいたロサンゼルスに拠点をつくることにした。ロサンゼルスに家を買い、グッチの広告キャンペーン用の撮影を行い、俳優たちと盛んにつきあいだした――何人かとは友人にもなった。ハリウッドでのちのちまで語り継がれるほどのイベントを開催して自分の存在を示した。サンタモニカ空港のプライベートジェット格納庫で、ファッションショーとディナーと夜明かしのダンスパーティーを開催し、それはロサンゼルスに長く語り継がれるイベントとなった。グッチがスポンサーとなり、売上金の中からロサンゼルスで非常に重視されていたエイズ・プロジェクト・ロサンゼルスに破格の寄付をした。パーティーの招待客リストにはアカデミー賞受賞者がずらりと並び、パーティーのスタイルにはトム・フォードの趣味が全面に打ち出されていた。グッチのGストリングをつけた四〇人のゴーゴー・ダンサーたちが、巨大なアクリル樹脂でできた四角い箱の上で踊りまくるのは圧巻だった。

フォードはあらゆる面でグッチのイメージを厳密に管理した。アパレルやアクセサリーのコレクションばかりでなく、新しい店舗コンセプトや広告、オフィスの配置や装飾、従業員の服装からイベントでの花の活け方にまで自分の考えを貫いた。ミラノでエンヴィという香水の製品発表会が行われたときには、すべてを黒で統一した——優美なダイニングに作り変えられた大きなホールの床、天井、壁を真っ黒に塗り、メニューも黒で統一された。イカ墨のパスタ、黒パン、主菜も黒で、黒一色の野菜料理が透明ガラスに載せられてつぎつぎと饗された。

一万四〇〇〇平米近くあるロンドンのスローン通りの旗艦店《フラッグ・シップ》がようやく完成したとき——世界中のグッチ店のモデルとなるデザインだ——彼はドアマンに頭のてっぺんから爪先まで黒で統一したグッチの装いをさせて、ヘッドホンをつけさせた。外部はなめらかな石灰石で仕上げられ、正面のステンレスは重々しい銀行の金庫のようだ。内側はトラバーチンの床とアクリルの柱が配置され、舞台セットのように箱型照明器具がつるされているだけのシンプルな内装で、フォードが練り直したグッチ製品が主役となって映えた。

フォードはファッションショーでもすべてをコントロールした。当時はまだ、ショーを見に来るマスコミ、バイヤーや顧客に選択の余地を残すよう、デザイナーはテーマをいくつか用意しておくのが一般的だった。だがフォードは出品数を五〇セットまで絞って、ショーの最初で三つの重要なセットを見せてしまう。

「ショールームには何百着もの服を準備して、数百枚のポラロイドを撮って見せるようにしているが、世界中にぼくの視点を納得させるファッションショーには、二〇分間あればいい」と、フォードはいう。考えを練りに練って「何を伝えたいのか？　訴えたいことは何か？」を自問し続ける。伝えたいメッセージが決まると、フォードは白いスポットライトを当てて、観客の注意をショーの間、服からそらさない。

「ほかのファッションショーに行くと光量を落とした薄暗い照明で服があまりよく見えず、観客たちは自分の靴を見ているか、周囲の人たちの顔をぼんやりと眺めているだけということがある。ぼくは観客の注意を完全に服に引きつけたいんだ」と、フォードは説明する。「映画的手法だよ。その場にいる全員が同時に同じものに視線を合わせる。ぼくが観客たちを操り、視線を釘付けにして、『おお！』とか『ああ！』という感嘆のため息をいっせいに引き出したいんだ」

フォードが的を絞って訴えたいことを明解に見せることで、記者もバイヤーも顧客もみな決断を下すのが容易になる。フォードがすでに決断を下してくれているからだ。

デ・ソーレは、グッチの香水ライセンスを持つウエラと条件を書き換える再交渉にのぞみ、グッチの時計製造メーカーであるセヴェリン・モントルを長期間にわたる厳しい交渉の末に一億五〇〇〇万ドルまで値切って、セヴェリン・ウンデルマンからライセンスを買い戻した。フォードとデ・ソーレのチームは、デザイナーとビジネスマンの組み合わせとしてはイヴ・サンローランとピエール・ベルジェに匹敵すると賞賛された。

たしかに成功はおさめていたが、穏やかになんの苦労もなく進んでいったわけではない。一九九七年九月、〈ウォールストリート・ジャーナル〉紙が、グッチは「ファッション中毒者と投資家を夢中にさせるいまもっとも話題の高級ブランド」と持ち上げたわずか一カ月後、二年にわたって伸びつづけた販売と株価が両方とも突然停滞状態に陥った。アジアの出張から戻ったデ・ソーレは、アジア市場で目にした光景に不安を抱いた。つい最近まで日本人観光客であふれていた香港の最高級ホテルやレストランは閑古鳥が鳴いており、ハワイの売上は落ち込んでいる。日本市場でも同様の停滞ムードを感じた。グッチの売上は四五パーセントをアジアに頼っており、それ以上に日本人観光客が海外旅行でグッチ製品を購入する金額はさらに大きかった。一九九四年に日本の顧客はグッチ旋風を引き起こしたが、三年たって風はぱたりとやんだ。

一九九七年九月二四日、デ・ソーレはその年の下半期には期待していたよりも売上の伸びは鈍るだろうと予想し、警戒感を強めた。アジアの金融危機がその後の国際市場に混乱を引き起こすと警告したのは、一流ブランドメーカーの社長としては彼が最初である。グッチの株価は一九九六年一一月には八〇ドルまで上がっていたが、それから数週間にわたって六〇パーセントも下落しつづけ、三一ドル六六セントまで落ち込んだ。

ストック・オプションで数百万ドルに相当するグッチ株を持っていたトム・フォードは、急激に下がった株価に不安になり、セヴェリン・モントルを取得したニュースがかすむほど否定的な予測ばかりをあまりにもいいすぎると、デ・ソーレにがみがみと文句をいった。だがデ・ソーレの警告はあたり、プラダ、LVMHやDFSなどを含むブランド産業全体が、経済危機のあおりを食らったアジア市場の落ち込みに苦しんだ。

再建以来はじめての株価の低迷で、グッチは二〇億ドルほどに価値が下がってしまい、企業乗っ取り男爵として有名だったLVMHのベルナール・アルノーをはじめとする一流ブランドの総帥たちが、グッチの買収を考えているという噂が飛び交った。一一月にデ・ソーレからの熱心な働きかけにもかかわらず、持ち分によらず、単独の株主の発言権を二〇パーセントまでに限定する、という乗っ取り阻止のための議案をグッチの株主たちは退けた。この決定によってグッチはますます危うい立場に置かれることになった。乗っ取りを考える業界の実力者たちが、アジアの危機から自分たちのビジネスを守るために忙しかったにもかかわらず、グッチが狙われることには変わりなかった。

「そりゃなんといっても決定権は株主にあるよ」。デ・ソーレは否決に落胆したことを隠して強がった。「とりあえず私は自分のつとめを果たしたからね」

デ・ソーレはグッチの内紛を生き延び、新たな領域へと率先してグッチを導いているリーダーだ。だが征服者として、あらたな戦いに挑む覚悟を決めなくてはならなかった。

17　逮捕
ARRESTS

櫛を入れていない黒髪を振り乱したまま、アレッサンドラ・グッチは警察官たちに見つからないように、ヴェネチア大通りに面して立つマンションの広いバスルームに母を引っ張っていった。パトリツィアと二人の娘たちは、マウリツィオの死から二カ月後にガッレリア・パッサレッラのペントハウスから、マウリツィオが亡くなるまで暮らしていた贅《ぜい》を凝《こ》らした豪華マンションに引っ越してきた。アレッサンドラはすばやく鍵をかけ、外に声が聞こえないように母の背をタイル壁の隅に押しつけた。

「ママ」。声をひそめ、小柄な母の肩をつかんで、まばたきもせずに自分を見つめる彼女の目の奥をのぞきこんだ。「ぜったいに誰にもいわないって約束する。二人だけの秘密にするから教えて」

彼女の指はパトリツィアの肩に食い込んだ。「ママ、いってちょうだい。ママがやったの？　本当のことをいっても、私の胸にしまっておくから。誰にも、シルヴァーナおばあちゃんにもアレグラにもいわないから」

パトリツィアは長女の蒼白な顔から視線を外し、背後の壁を見つめた。外す瞬間、苦悩に満ちた青い目をちらりと見た。数分前までその目は閉じられて、平和に眠っていた。

一九九七年一月三一日金曜日午前四時半、二台の警察車輛がヴェネチア大通り三八番地のシャッターがおりている正門入口の前に横付けされた。ミラノ犯罪警察署長のフィリッポ・ニンニが車から降り、パトリツィアがアレッサンドラ、アレグラと二人の使用人、コッカスパニエル犬のロアナ、うるさくおしゃべりする九官鳥、二羽の家鴨《あひる》、二匹の亀、猫一匹と暮らしているマンションのベルを鳴らした。

「警察です。開けてください！」。インターホンで呼びかけたが返事はなかった。重々しいアーチ型の門は閉ざされたままだ。数回ベルを押しても埒《らち》が明かなかったので、ニンニは携帯電話でレッジャーニ家に電話をかけた。彼の部下が深夜にディナーから帰宅したパトリツィアを尾行したのだから、家にいないはずがない。また彼女が「私の熊ちゃん」と呼ぶ地元のビジネスマンのボーイフレンド、レナート・ヴェノーナと電話でしゃべっていたのを盗聴している。慢性的な不眠症に悩むパトリツィアは、夜明けまで友人と電話して、翌日昼まで寝ていることがめずらしくなく、昨晩も午前三時半まで電話を切らなかった。外国人だと思われる寝ぼけた声がようやくインターホンに出て、ニンニには背後で九官鳥がうるさくわめいているのが聞こえた。

「いいか、こちらは警察だ。ドアを開けなさい」。ニンニはそっけなくいった。数分後に寝ぼけた顔のフィリピン人の家政婦が重いドアをあけ、ニンニと警官の一団は彼女に案内されて石畳の中庭を突っ切り、早朝の静けさを破る足音を響かせながら大理石の広い階段を上ってグッチのアパートに入った。警官たちは家政婦に案内されて居間までの長い廊下を歩きながら豪華な家具調度を無遠慮にじろじろ眺め、パトリツィアを待った。

夜明け前に突然警官がやってきたというのに、パトリツィアは数分後に落ち着いた冷静な様子で居間にあらわれた。集まった警官たちの中で、彼女が顔を見知っているのは背が高いブロンドの警官で、マウリツィオの死後彼女を尋問したジャンカルロ・トリアッティだけだ。マウリツィオの死から二年が過ぎ、容疑者は誰一人浮かんでいない。パトリツィアは捜査の進捗《しんちょく》状態を確かめるために折りに触れて彼に連絡をしたが、最近では彼のほうからは何も報告することがなかった。彼女はトリアッティに軽く会釈をして、あきらかにその場の責任者と見られるニンニをうつろな目で見た。彼は自己紹介し、手に持っていた逮捕状を示した。

「パトリツィア・レッジャーニさん、あなたを殺人容疑で逮捕します」。ニンニの声は遠雷のように低く響いた。ニンニは老練な刑事で、ミラノの麻薬取引撲滅にこれまでの職業人生を捧げてきた。豪勢な居間でパトリツィア・レッジャーニの前に立っているよりも、マフィアのボスを尾行したり、廃屋になっている倉庫に押し入るほうがずっと気が楽だ。なんの感情も浮かべていない明るい色の目を彼はのぞきこんだ。

「はい、わかりました」。彼女はつぶやくようにいって、ニンニの手にある逮捕状を興味なさそうに一瞥《いちべつ》した。

「われわれがどういう理由でここに来ているかおわかりですか?」。あまりにも平然としたその様子に驚き、ニンニはたずねた。

「ええ、夫の死のことでしょ?」。相変わらず感情のこもらない口調で答えた。

「残念ですが、あなたは逮捕されます。ご同行願います」

数分後、自分の寝室でアレッサンドラはいきなり入ってきた二人の警官に起こされて恐怖をおぼえた。警官たちは母親が逮捕され、警察に連行されると説明した。

「私の部屋を隅から隅まで調べました。ぬいぐるみからコンピューターまで見ました。それから下の階に下りていったんです」。仰天して動揺したアレグラが、もう一人の刑事に付き添われて下の階にやってきた。アレグラが居間で静かにすすり泣いている間、ニンニはパトリツィアに、着替えて同行するよう命じた。あとについていったアレッサンドラが、バスルームに母を引っ張り込んだのはこのときだ。そっくりの顔立ちの母娘はいっとき見つめあった。

「誓っていうわ、アレッサンドラ。私はやってない」。警官の一人がドアをノックするのを聞いたパトリツィアはそういった。婦人警官に見守られてパトリツィアが着替えをしている間、ほかの警官たちはアパートの中を捜索し、書類とパトリツィアの革張りの日記帳を押収した。やっと彼女があらわれたとき、全員が信じられないという目でその姿を見つめた。ぎらぎら光るゴールドとダイアモンドのアクセサリーで着飾り、床まで届く長いミンクのコートをはおっていたのだ。マニキュアがきれいに塗られた手に彼女はグッチの革のハンドバッグを持っていた。

「どうなさったの？」。驚愕している観客をぐるりと見回して彼女はいった。「用意できましたわ」

「今晩には戻るから」。きっぱりした口調でいうと、娘たちにキスした。外に出るとサングラスを取り出してかけた。アイラインを黒々と入れ、マスカラをぼってりと塗って防御していないと、その目は薄くもろく見える。

その姿を見た瞬間、もしかしたらパトリツィアに対して抱いたかもしれない同情心は、ニンニからきれいに消えてしまった。「これからどこに行くつもりなんだ？　仮面舞踏会か？」。大理石の階段をおり、中庭を突っ切りながら彼は思った。

細身の強靭な体格で、人を突き刺すような鋭い黒い目といかめしい口髭のニンニは、物事の白黒をはっきりつけ、愚かなことを許さず、警察の仕事に情熱を燃やしている刑事だと評判だった。主として戦っている敵は、イタリア南部からミラノにやってきて、バルカン諸国から運ばれてくる麻薬の取引で勢力を伸ばしているマフィアだ。南部での派閥抗争に負けたか、職を求めて北部にやってきたマフィアは、手っ取り早く稼げる麻薬の密売に手を染める。

ニンニ自身もイタリア南部プーリア地方の町、タラント郊外の出身で、ローマ大学を中退し、父の猛反対を押し切って警察学校に入った経歴を持つ。海軍基地の労働者だった父は、生命の危険がある警察の仕事に息子がつくと知って怒ったが、ニンニは意志を曲げなかった。弟たちを養わねばならない家計を考えて、早く経済的に独立したかったからでもある。最終的に折れた父親は、警察学校の入学式に付き添ってくれた。

ミラノで警察官としてのキャリアをスタートしたニンニは、マフィアの派閥抗争を担当するようになり、やがてその分野で一目置かれる存在となった。一九九一年だけでも、たった四人の仲間たちとともに、彼は五〇〇人を逮捕した。ニンニは、逮捕した人たちをたとえ犯罪者であっても人として尊敬されるべきだと考えて、ていねいに扱った。そんな人間性のおかげで、ミラノでもっとも危険な麻薬王からも敬意を表されて命拾いしたことがある。裁判のとき、カラブリア地方出身のマフィアの首長であるサルヴァトーレ・バッティは、法廷で彼を見つめて「ニンニさん、あなたが公正な方でなかったら、いまごろわれわれはあなたを消していました」といったのだ。

パトリツィアを後部座席に乗せた警察車輌はスピードをあげてミラノの人気《ひとけ》のない通りを走り、歴史地区に立つサンセポルクロ広場の警察本部に到着した。警察署の建物はルネサンス時代の建築だ。三方をポルチコ（柱廊）に囲まれた中庭に面して立っており、知らなければそこが警察署だとはまず気づかない優美な建物である。

ニンニはパトリツィアを、自分の右腕であるカルミーネ・ガッロ警部に引き渡した。ガッロ警部は背が低くがっしりとした体格で、黒いやさしい目をしている。彼がまがりくねった暗い廊下を案内して、金属製の事務机と書類棚があるだけの簡素な事務所にパトリツィアを連れていった。ガッロが手続きを行う間、彼女は壁の高いところに鉄格子がはめられている窓にちらりと視線を向けた。マフィアとの戦いで殺された判事のジョヴァンニ・ファルコーネとパオロ・ボルセリーノの写真が二人を見下ろしている。すぐにパトリツィアの母親のシルヴァーナが、憔悴した様子のアレッサンドラとアレグラを連れてやってきた。全員がガッロの部屋に案内されてやってくると、ニンニはドアのところから、ゴールドのアクセサリーと毛皮で華やかに装っているパトリツィアを見つめた。彼は激しい嫌悪感をおぼえた。

「いつだって逮捕者をできるだけ助けてやりたいと思っているよ」。ニンニはのちにいった。「だが彼女を見ていると、これまで芽生えたことがなかった感情がふつふつとわいてきた。中身が空っぽで、物で固めなくては自分がなく、金でなんでも解決できると思っている女性だと思った。そんな感情がわきおこった自分が恥ずかしかったが、彼女とどうしても話をする気にならなかったんだ。それまでの私の職業人生では考えられないことだった」

ニンニはシルヴァーナに向かって、いらだちで口髭を震わせながらいった。

「奥さん、あんたの娘さんをそんなにじゃらじゃら高いものをつけた格好で留置場に行かせるのはどうかと思いますよ」

「あの子のものなんですよ。つけていたいっていうんだったら、そうさせてやらなくちゃ。誰も止めることなんかできませんよ」。シルヴァーナは眉をしかめていい返した。

「それじゃ好きにしたらいいけれど、看守がたちまち没収してしまいますよ。留置場ではあんなものをつけるのは許されない」。ニンニはそういうと踵を返して部屋を出ていった。

「それは私がもらっておいたほうがいいね」。シルヴァーナは舌打ちしたい気分で、娘に重いゴールドのイヤリングやゴールドとダイアモンドの大ぶりのブレスレットを外させ、ミンクのコートを脱がせて、自分のコートを着せた。それからグッチのハンドバッグの中身を点検した。

「いったいなんでこんなものを入れてきたの?」。口紅やメークアップ道具一式とクリームを取り出しながら、不機嫌に聞いた。「こんなものは必要なくなるのよ」。シルヴァーナがいうと、パトリツィアは震えだした。ガッロ警部が書類から顔を上げて、彼のグリーンのスポーティーなウィンドブレーカーを貸し、彼女は喜んでそれに袖を通した。

「気の毒に思いましたよ」。ガッロはのちに認めた。パトリツィアは留置場に入れられたあと彼にジャケットを返した。「彼女は落ちるところまで落ちてしまったんです。どん底まで落ちて、もう行き場を失ってしまった」

同日の朝、ほかの四人がマウリツィオ・グッチ殺害容疑で逮捕された。パトリツィアの長年の友人であるピーナ・アウリエンマはナポリ近くで私服警官の一団に逮捕され、その日の午後にミラノに護送された。ミラノのホテルでポーターをしていたイヴァーノ・サヴィオーニと機械工のベネデット・チェラウロも、サンセポルクロ広場の警察本部まで連れてこられた。破産したレストラン経営者だったオラツィオ・チカーラは、すでにこの殺人事件とは関係のない麻薬犯罪でミラノ郊外にあるモンツァの刑務所で服役中であり、翌日逮捕状が発行された。衝撃的なニュースがその日の全新聞の一面を飾った。事件から二年たって、マウリツィオ・グッチの元妻と四人の思いもかけなかった共犯者が逮捕されたのだ。

二カ月前まで、マウリツィオの死をめぐる捜査は行き詰まっていた。ミラノの検察官、カルロ・ノチェリーノはもっと時間が必要だといっていたが、何カ月もたつのにいっこうにはかばかしい進展が見られないことにいらだちが隠せなくなっていた。ところが、一九九七年一月八日水曜日の夜に事態が動いた。フィリッポ・ニンニはその日夜勤の警備員が電話を回してきたとき、いつものように遅くまで残業していた。

「ボス、男から電話です。ボスを名指しで緊急に話したいことがある、ほかの者ではだめだといってます」

その時間には、犯罪警察本部のほかの部署はもう電気が消えていた。ニンニはスタンドの灯かりだけで、自分の机に山積みになっている書類を熱心に読んでいた。机の上には、すばやく照合確認をして仕事の効率化をはかるために、総務部と論争の末に勝ち取ったパソコンも数台並んでいる。色褪《いろあ》せた青い壁紙の上に、ニンニはこれまでの職業人生で得た、二〇以上の表彰状と修了証明書と表彰盾を整然と飾っていた。部屋の真ん中にはすりきれた革の長椅子と二脚の肱掛椅子が低いコーヒーテーブルを囲むように置かれ、テーブルには彼が大事にしている塊状滑石を手彫りしたチェスのセットが置いてあった。

その夜、ニンニはもうすぐ片がつく麻薬事件の書類を読み返していた。オペレーション・ヨーロッパという暗号で呼ばれている事件では、ヨーロッパ各地で二〇人以上が逮捕され、コカイン三六〇キロ、ヘロイン一〇キロが押収された。

その書類を閉じて、いったい誰がこんな時間にかけてきたのか訝《いぶか》しく思いながら受話器を取り、警備員に電話をつなぐようにいった。

「ニンニさんかい？」。金属的で耳障りな低い声がいった。

「そうだが、誰だね？」

「会って話したいことがあるんだ」。かすれた声は続けた。ニンニはその声に、切羽詰まった、恐怖と不安がないまぜになったものを感じた。「あんたに渡したいでかいネタがあるんだよ。知ってることを全部話す」。声は食い下がった。

ニンニはすぐに興味を惹かれつつもとまどって聞いた。「誰なんだ？　あんたをどうして信用できる？　私の敵はたくさんいるんだ。少なくとも何についてタレこむのかくらいは聞かせてくれ」

「グッチの殺人についてというだけでいいかね？」。あえぐような声に変わった。

ニンニは一気に興味を惹かれた。同僚たちが、二年前に殺された元ビジネスマンの謎をずっと追いかけながら、糸口がつかめないでいるのを知っている。検察官のカルロ・ノチェリーノは、一年前にスイスまで行ってグッチが手がけていた事業内容を調べていたが、そこでも手がかりはなかった。グッチがギャンブルやカジノに手を染めていたという噂も調べたが、カジノとは、スイスのリゾート地、クランズ・モンタナにある一流ホテル内の小さなゲームセンターだと判明した。どこを叩いても埃は出ず、仕事関係ではいっさい後ろ暗いところがなかった。マウリツィオ・グッチが親から譲り受けた会社を売却したのちに手がけていたビジネスは、まだスタートラインについたばかりだった。ノチェリーノはパリに飛んでデルフォ・ゾルジに会い、ゾルジはフォンタナ広場での爆弾事件について厳しい条件をつけて検察官の尋問に答えたが、同時にグッチに金を貸した話もした。ゾルジは、グッチが「床下から見つけた」といっていた四〇〇〇万ドルを、全額自分に返したと証言した。ノチェリーノはその年の五月に、グッチには仕事関係でのトラブルはなかったとその方面での捜査を打ち切ったが、ほかの方面でも手がかりは見つからなかった。ちょうどその朝、ニンニはノチェリーノが捜査期間の延長を申し出て受け入れられたと新聞で読んだばかりだ。

ニンニは好奇心から事件を調べていた。グッチが殺された朝、ニンニはちょうど警察署に通勤する途上、警察無線で事件を知った。すぐに運転手にパレストロ通りを回って犯罪現場に行ってくれと命じたが、すでに警官たちが大勢いて現場に近づくことはかなわなかった。ニンニはかたわらで現場を観察した。マウリツィオ・グッチの遺体は階段の上に寝かされ、検死医と刑事たちがうろうろと動き回っている。ノチェリーノが敷地内に入ると騒ぎが静まり、警官以外の人間が外に出された。

それから数週間たち、数カ月がたち、ニンニはミラノの犯罪地下組織の人間が逮捕されるたびに、部下たちにグッチに関連した情報を聞き出すよう命じた。もしプロの殺し屋による暗殺ならば、ミラノの犯罪地下組織が遅かれ早かれかぎつけて、何か情報が入ってきているはずだ、と考えたからだ。だがいくら尋問しても、組織の人間たちは全員肩をすくめるか首を振るばかりだ。ときが流れるうちに、ニンニは殺し屋がプロではないと確信した。解決の糸口は、グッチが個人的に抱えていた問題をたどっていけば出てくるにちがいない。

「ニンニさんよ、おれは恐いんだ」。キーキーとかすれた声はいった。「おれは誰がマウリツィオ・グッチを殺したか知ってんだよ」

「私のオフィスまでやってこれるかい？」。ニンニは聞いた。

「それはだめだ。危険すぎる。アスプロモンテ広場のジェラート屋まで来てくれ」。ミラノ中央駅の西側地区にある店を指定した。

「おれは四九歳で図体がでかい。赤いジャケットを着ていくよ。必ず一人で来いよ」

ニンニは躊躇したが、結局承諾した。「わかった。三〇分後に行くよ」

ニンニは車に飛び乗り、忙しく頭をはたらかせた。車がアスプロモンテ広場に近づくと、運転手に少し離れたところに車を停めさせ、娼婦が定宿にしたり、不法移民が新天地での生活を送ろうと根城にしている小さな一つ星ホテルが軒《のき》を並べている暗い通りを歩いていった。電話の男が指定したジェラート屋に近づくと、ずんぐりと太り、肩パッドの入ったジャケットを着た男がジェラート屋の緑色のネオンサインの下に立っているのが見えた。

二人は用心深く挨拶し、アスプロモンテ広場の真ん中にある小さな公園の周囲を歩いた。男はニンニが電話で聞いたきしるような低い声で、ガブリエーレ・カルパネーゼと名乗った。肥っている上に健康を害しているらしい男は、ゆっくり歩いても息が苦しそうだ。ニンニは人物をすばやく見定め、すぐさま男に好感を抱いて、数分間話しただけだが信頼が置けると判断した。自分の車の運転手に合図して呼び、カルパネーゼにオフィスに戻って話をしよう、そのほうがあたたかいし、広場にたむろしている人たちの関心を引かないから安全だといった。

革張りの長椅子にほっとして腰かけたカルパネーゼは、チェスのクイーンの駒を手でもてあそんでいるニンニに話した。カルパネーゼは最初フロリダのマイアミで、つぎにグアテマラでイタリア料理の軽食レストランを開こうとがんばったがあきらめ、数カ月前に妻とイタリアに戻ってきたところだった。カルパネーゼの妻は乳癌と診断され、彼は糖尿病が悪化し、国民健康保険が使える自国に戻ってこざるを得なかったのだという。アスプロモンテ広場の安ホテルを仮の住まいにしていた。やがてそのホテルのポーターで、オーナーの甥である四〇歳のイヴァーノ・サヴィオーニと友だちになった。サヴィオーニはそのホテル・アドリーの狭い玄関ホールにある机に座り、ホテルに入ろうかとうかがう人を観察していた。ホテルのガラス戸はマジックミラーになっており、外から中はのぞけないが、内側からは全部見えて、ホテルに入れていい客と見れば、机の下にあるブザーを鳴らして入り口を開けた。角張った顎《あご》でずんぐりとしたサヴィオーニは、くせのある黒髪を後ろになでつけ、金縁の眼鏡をかけ、これこそ流行の最先端をいくと信じている安っぽい黒いスーツにピンクのボタンダウン・シャツを着ていた。カルパネーゼにはサヴィオーニは悪気《わるぎ》のない男に見えたが、つねに借金の返済に追われており、ひっきりなしに取り立てにやってくる債権者に渡す金を工面《くめん》するため、人をだまして金をくすねることばかり考えていた。サヴィオーニは、何も知らないホテルオーナーの伯母が買い物に出かけているときに、ホテル・アドリーに娼婦をこっそりと入れて客から金を巻き上げていた。カルパネーゼがそれを知りながら告げ口しないことに感謝し、サヴィオーニはホテル代の支払いを猶予してくれたり、ホテルのバーから酒をくすねてきてくれたりした。

カルパネーゼのとぼしい蓄《たくわ》えが底をつきかけ、仕事を見つける希望もついえたとき、でっちあげのホラ話を思いついた。彼はサヴィオーニに、南米の麻薬取引で大きくあてた話をいかにも本当らしくいきいきと語り、自分が麻薬王で、FBIを含む数カ国の麻薬捜査官から指名手配されているとサヴィオーニに信じさせた。また取引で得た数百万ドルをアメリカの銀行に預けてあり、法的な問題が解決したら必ず宿代は返せるといった。

「弁護士がなんとかしてくれたら、必ずあんたには金を返すだけじゃなく、親切にしてもらったお礼を存分にさせてもらうよ。利子をつけてな」。カルパネーゼは恐縮しているサヴィオーニに約束し、サヴィオーニは伯母のルチアーナを信用させて、かわいそうな夫婦をただでもう数カ月泊めてやってくれるよう頼んだ。サヴィオーニは三流どころの麻薬取引にかかわったこともあったが、たいした儲けになったことがなく、カルパネーゼに大儲けさせてもらうことを期待していた。

一九九六年八月のある暑い夜、カルパネーゼとサヴィオーニは舗道のカフェでビールを飲みながらタバコを吸ってくつろいでいた。通りには車もほとんど通らず、周囲の住民たちが夏の休暇旅行に出かけたためにアパートのシャッターは下ろされ、静まりかえっていた。近隣のシングルルームしかないホテルでさえも休暇で閉まっている。閑散とした街ではすることもなかったが、暑すぎて眠るどころか室内にもいられず、熱気と湿気で空気が重くよどんで何をする気にもならなかった。サヴィオーニは椅子の背にだらしなく身を預け、マルボロを深く吸い込んでカルパネーゼを見た。おれもさ、でかいことやったんだよ、新聞に大きく出ちゃうようなことさ、と彼はいい出し、カルパネーゼの反応を探った。

二人の仲が親密になるにつれて、サヴィオーニは断片的にその話を語るようになったが、ある日ついに爆弾発言をした。おれはマウリツィオ・グッチ殺しにかんでいるんだ。最初カルパネーゼは信じなかった。サヴィオーニはさほど頭が切れるほうではないし、いつもやりもしない計画かやってもいないことでホラをふいてばかりいる。カルパネーゼは彼がプロの殺し屋とつきあいがあるとは思えなかった。

「何いってんだよ。マフィアのボスにでもなった気分か？」

「どう考えようと勝手だよ」。サヴィオーニはいい返したが、自分だってすごいやつだと見せつけたくてたまらないのに、新しい友人に疑いの目で見られてがっかりした。それから数週間にわたって、サヴィオーニはカルパネーゼに、マウリツィオ・グッチの殺人計画と、彼の処刑の詳細について話して聞かせた。

カルパネーゼはショックを受けた。サヴィオーニがそれほどの重大事件にかかわったとは、にわかには信じられなかった。良心の葛藤に数週間悩み、ついに警察に出かけてその話を伝えようと思った。彼と妻は住むところがなくなるかもしれないが、情報を聞いてしまった以上義務を果たさねばならない。一九九六年クリスマスの少し前、アスプロモンテ広場の公衆電話からミラノ裁判所に電話をかけ、グッチ事件を担当している検察官につないでくれと交換手に頼んだ。自分がやろうとしていることに怯えて心臓がばくばくいった。冷たい金属製の電話コードを指で弄《もてあそ》びながら、しばらくお待ちくださいという録音された声を聞いていたが、ついに誰も電話に出てこなかった。五分間待って硬貨がなくなったので切った。数日後にもう一度電話をかけると、交換手はグッチ事件を担当しているものを知らないといった。カルパネーゼはそこで警察にかけたが、受付は彼が名前を名乗らず電話をかけた理由もいわなかったので取り次がなかった。一月はじめのある晩、ホテル・アドリーの暗いテレビ室でチャンネルを回しているとき、ふと組織犯罪についてのトークショーでゲストとしてしゃべっているニンニが目にとまった。カルパネーゼはニンニの率直な話しぶりと筋の通ったコメントが気に入り、この男なら信頼が置けると思った。電話帳で犯罪警察の番号を調べ、角の公衆電話からまたかけた。

カルパネーゼはニンニに、殺人計画についてかかわったものしか知りえない微《び》に入り細《さい》をうがつ内容を語った。ニンニはカルパネーゼが真実をいっていると確信した。

パトリツィア・レッジャーニがマウリツィオ・グッチの殺人を命じ、六億リラ、およそ三七万五〇〇〇ドルを支払った、とカルパネーゼはいった。長年の友人であるピーナ・アウリエンマが仲介者となり、パトリツィアと殺し屋との間の金と情報の受け渡し役をつとめた。ピーナは昔からの友人だったサヴィオーニに相談し、彼はミラノ北部のアルコーレでピザ屋を経営していた五六歳のオラツィオ・チカーラに話を持ちかけた。チカーラがギャンブルで多額の借金を背負い、家庭が崩壊して金が必要だとサヴィオーニは知っていた。チカーラは殺し屋を見つけ、逃走用の車を運転した。息子の緑色のルノー・クリオだ。仕事用に使っていた自分の車が盗まれるか、警察に持っていかれたかでなくなってしまったからだという。殺し屋の名前はベネデットといい、チカーラのレストランの裏手に住んでいる元機械工だった。ベネデットは七・六五カリバーのベレッタ・リヴォルヴァーを手に入れ、裏側にフェルトを張った金属の筒を取り付けて消音装置を作り、銃弾をスイスで買って、殺人のあと銃は壊した。

殺人後数カ月が過ぎ、パトリツィアはヴェネチア大通りに移ってマウリツィオが遺した数百万ドルの資産で贅沢な生活を謳歌していた。マウリツィオの遺産相続人である二人の娘たちの母親として、彼女は遺産を使う役得を手に入れた。

だが共犯者たちはしだいに不満をつのらせていった、とカルパネーゼはいう。危険を全部引き受けて、分け前はすずめの涙ほどで、主犯の奥さまは贅沢な暮らしを満喫している。そこでもっと金を寄越せと圧力をかけだした。

ニンニはクイーンの駒を指で弄びながらじっと聞いていた。カルパネーゼが話している間、彼の頭に一つの計画が浮かんだ。

「マイクロホンをホテル・アドリーに仕掛けてもらえるかな?」。ニンニはぜいぜいとあえいでいる男に頼んだ。

カルパネーゼはいやいやながらではあったが承諾した。ニンニは、運には見放されていたが、正直で正義感にあふれている男に感じるところがあり、必ずできるだけのことはするからと誓った。のちに彼は、カルパネーゼが新しい住処《すみか》と仕事と衣服を調達する手助けをし、定期的に訪れて彼と妻の暮らしに気を配った。

ニンニはグッチの事件を担当しているノチェリーノ検察官に、カルパネーゼについて話し、自分の計画を説明した。

「そうだね、ニンニ。きみがこの局面を打開できるというのならば、やってみたまえ」。カルロ・ノチェリーノは、迷宮のようなミラノ裁判所の五階にある狭苦しい地方検事局の隅っこで、犯罪警察署の署長にしぶしぶながらいった。

サヴィオーニを罠にかけるために、刑事を一人忍び込ませておとり捜査を行う計画が立てられた。ニンニは、母親がコロンビアの首都ボゴタ生まれで、スペイン語を流暢に話す若い刑事のカルロ・コッレンギを選んだ。カルロは「カルロス」という名前の非情な殺し屋で、コロンビアの犯罪組織、メデジン・カルテルから派遣されて、ミラノに「出張」に来ている、という役を演じることになった。カルパネーゼはカルロスをサヴィオーニに引き合わせ、パトリツィアにもっと金を支払うよう「説得」する手助けにはうってつけの人物だ、と紹介することにした。ミラノ首席検事のボレッリが、ノチェリーノにニンニの計画を正式に認めるようにと指示した。「ニンニが指揮をとるというなら、本気で取り組むだろう」と彼はノチェリーノにいった。

ニンニの計画は恐いくらいにうまくいった。翌日、カルパネーゼはカルロスをホテル・アドリーに招き、浅黒い顔のサヴィオーニに紹介した。ブロンドの巻毛から氷のような青い目、前をはだけて着ている黒のシルクのシャツ、首まわりの重そうなゴールドのチェーンまで、サヴィオーニはゆっくりと値踏みするようにカルロスをじろじろ眺め回した。「ブエノス・ディアス」。カルロスは小指にはめたダイアモンドの指輪をきらめかせながらサヴィオーニに手を差し出した。黒いシルクシャツの下には二つの小さなマイクロホンが忍ばせてあり、胸に貼られている。数十メートル離れたところで、ニンニの配下の警官たちが録音機具を積み込んだヴァンの中で耳をすませていた。

「どこに泊まってるんだ?」。サヴィオーニはカルロスに聞き、カルパネーゼが通訳した。

「そういう質問には答えないとダチにいってやりな」。そう答えたカルロスにサヴィオーニはびっくりして謝り、冷たい目つきの「コロンビア人」をいっそう尊敬の目で見た。

三人の男たちはもう少し打ち解けて話をしようと、テレビ室へと移動した。サヴィオーニは全員にコーヒーをふるまった。

「砂糖はいくつ入れる?」。カルロスに聞いたが、イタリア語があくまでわからないふりをしている彼にカルパネーゼが通訳した。

カルパネーゼはカルロスにスペイン語で、サヴィオーニが助けてもらいたいことがあるのだと説明し、サヴィオーニは必死にそれを理解しようとした。話が終わると、カルパネーゼはサヴィオーニに向かっていった。

「サヴィオーニ、安心してくれ。カルロスがきみの問題をすべて解決してくれる。若く見えるがこれでもプロの殺し屋で腕がたつし、メデジンの組織のトップディーラーが使っていたんだ。百人をくだらない人間をこれまで殺してきている。あの奥さんにお灸をすえるにはうってつけの人物さ」

サヴィオーニは満面の笑みを浮かべて顔を輝かせた。

「ピーナに電話して相談してみたらどうだい?」。カルパネーゼが提案した。「カルロスはこれから仕事があるそうだからそろそろ行かないと」

感動で舞い上がったサヴィオーニはご機嫌をとろうと張り切った。

「そう、そうだとも、カルロスは忙しいんだよな。それならおれの車を使うといいよ。今晩の夕飯はおれのおごりだ」。一万リラをカルパネーゼの手に押し込んで彼はいった。

カルパネーゼはサヴィオーニの錆びついた赤いコルドバ（スペインのセアト社製の安い大衆車）を運転して、ホテル・アドリーからルッリ通りを走りながら、サイドミラーであとをついてくるのが警察のヴァンだけなのを確認した。カルロスは胸に留めてあるマイクロホンに向かって勝ち誇った声でいった。「おい、なんてついているんだ！　このおんぼろ車にどっさり隠しマイクを仕込んでやろうぜ」

サンセポルクロ広場の中庭に戻ると、ニンニの捜査班はサヴィオーニの車のあちこちに隠しマイクを仕掛け、ダッシュボードの裏にGPSチップを仕込んだ。容疑者の電話はすべて盗聴され、ニンニの部下たちは昼夜を通してサンセポルクロ広場の秘密情報収集センターに詰めた。

その日の午後、サヴィオーニがナポリ近くの姪の家にいるピーナにかけた電話を警察は録音した。

「ピーナ、できるだけ早くミラノに来てくれ。おれたちの問題を解決する方法を見つけたんだよ。話し合わなくちゃならない」

翌日の夜、ナポリのピーナがパトリツィアにかけた電話も録音された。

「こんにちは、私よ。二週間ほど前のニュース見た?」。ピーナが聞いた。

「ええ」。パトリツィアが答えた。「でもその話は電話で話さないほうがいいと思うわ。どこかで会わなくちゃね」

ピーナは一月二七日にミラノにやってきた。サヴィオーニが古ぼけたコルドバでミラノのリナーテ空港に迎えに行ったのを、警察はGPSで追跡した。若いころはかわいらしかったピーナも、五一歳を間近にして、送ってきた人生の険しさが顔にあらわれていた。染めたブロンドはまだらになってだらしなく肩にかかり、まぶたが垂れ下がり、バセット犬のような目は落ちくぼんでいる。額には深いしわが刻まれていた。サヴィオーニはホテル・アドリー近くの四つ角に車を停め、二人は話した。警察は会話を録音した。

「ジェッスーミオ」。ピーナはナポリの方言で「ジーザス・クライスト」と何回も叫びながら、手を固く握りしめて薄いグレイのレインコートをきつくかきあわせた。「二週間ほど前に、またもや捜査期間が延長されたと聞いて卒倒しそうになったわよ。これまでも六カ月間延長してなんにも出なかったんでしょ。それなのになぜまた延長すんのよ。いったい何を考えてんの?」

「まあ、落ち着けよ」。サヴィオーニはなだめてタバコを差し出し、ピーナが礼をいって取った。「なんにも見つけられやしないさ。ただのしきたりだよ」。タバコに火をつけてやりながら彼はいった。

「盗聴されているみたいだから、電話をかけるのをやめたのよ」。ピーナはまた手を握りしめながらいった。「あの女は尾行されてると思うわ。何かあやしいことがあったら、すぐに私に知らせてよ。外国に行くわ。でないとみんな監獄行きよ。友だちのラウラはぜったいにばれっこないといっていたけれど、相当に用心しないとヤバイわよ。ちょっとでもまちがったら破滅だから。ほんのわずかな隙間から地獄へ真っ逆さまなんだからね」

「ちょっと聞いてくれ、ピーナ。だいじな話があるんだ」。サヴィオーニは自分もタバコに火をつけて切り出した。「実はあるコロンビア人と知り合いになった。すげえ男なんだ。その目なんて氷みたいなんだぜ」。サヴィオーニはタバコの煙を吐き出した。「百人以上殺してきたっていうんだ。カルパネーゼが紹介してくれた。ただで置いてやっていればきっと見返りがあると思ってたんだよ。ま、それはそれとして、そいつがあの奥さんのことでおれたちを助けてくれる。金を払わせてやるってよ」

　ピーナはタバコの煙を細くあけた窓から吐き出しながら、ずるそうな目でサヴィオーニを盗み見た。

「たしかなのかい？　いま動くのは得策じゃないよ。捜査期間を延長したんだからしばらくおとなしくしていたほうがいいんじゃないか。あの女が尾行されてたらどうすんのさ？」

サヴィオーニは眉をひそめて首を振った。

「何いってんだよ、ピーナ。すべてにけりをつけるチャンスじゃないか」。サヴィオーニは抗議した。「あんたはいいよ。毎月決まった金が払い込まれるんだから。おれたちはどうなるんだよ」

「ああ、そうだね、毎月三〇〇万リラ（一六〇〇ドル）って大金がね！」。ピーナはぴしっといい返した。「これだけで暮らせっていうのかい、まったく！　それにもし気が変わったらどうしてくれる？　私はおしまいだよ。今回の件に関しては危ない橋を渡ったのは私たちだけで、あの女はおいしいところだけ持っていったんだよ。そうだね、たぶんあんたのいうことはあたってるよ。あの女ともう一度話をしなくちゃ。『全部一緒にやったんだから、あんたは私たちに分け前を寄越すべきだ』ってね」。ピーナはいった。

「もし断ったら」とサヴィオーニが口をはさんだ。「あの氷の目をしたコロンビア人に、盆の上に女の首を乗っけて持ってこいと頼もう」

それから数日間、警察はパトリツィア、ピーナとサヴィオーニの会話を録音した。ニンニは笑いがとまらなかった。サヴィオーニとピーナが計画について話し合う一部始終が録音できた。サヴィオーニと殺し屋らしいベネデット・チェラウロの会話も、サヴィオーニとピーナが逃走車の運転手だったらしいチカーラについて話している内容も録音した。あと必要なのは「奥さん」の会話だけで、それさえあれば切り札が揃うことになる。だが「奥さん」は賢く、ひっきりなしに電話しているのに疑いを招くようなことは何一つ口にしなかった。ニンニは待った。捜査に突破口を開くときには、感情に走って事を運んではいけないと充分に承知していた。

「アイデアがよかったら、最良の道は最後までそれを成し遂げることです」。のちにニンニはいった。「お膳立てはすべて整えました。『カルロス』、電話の盗聴、車内に盗聴マイク。かかわった人間は全員わかって、役割も判明しました。とにかくしゃべらせさえすればいいんです」

「ボス！　ちょっとこれを聞いてください」。その朝パトリツィアが弁護士の一人と話した会話を、ニンニは聞いた。

「この家庭には黒い雲が立ち込めています」。弁護士の口調は暗く不吉だったが、それはパトリツィアが地元の宝飾品店で買い物しまくってふくらんだ借金の件だとわかった。ノチェリーノとの緊急の幹部会議が開かれ、捜査を一気に進めるのに充分な証拠が揃ったという結論に達した。逮捕は翌日早朝と決められた。

「彼女がわれわれの動きに勘付いていると思ったのです」。ニンニはのちにいった。「宝飾品を買い漁っているのはイタリアから逃げ出すためで、国外に出ると見つけ出すことはむずかしくなるのではないかと恐れました」

一九九七年一月三一日朝、サヴィオーニをサンセポルクロ広場の犯罪警察署まで連行してきたとき、ニンニは彼を自分のオフィスに連れてくるようにと命じた。ニンニの机の前の椅子にどさっと座り込んだサヴィオーニには手錠がはめられていた。ニンニは手錠を外すようにと部下に頼んでタバコを差し出し、サヴィオーニは一本取った。

「今回はしくじったな」。ニンニはゆっくりと話した。「こっちは先回りしていたんだよ。何もかもわかっている。もうおまえさんができることは自白だけで、そうすりゃちっとはましになるよ」

「あいつは友だちだと思ってたんだがな」。サヴィオーニは首を振りながらタバコの灰を落とした。カルパネーゼが警察にたれこんだと気づいていた。「あいつを信じてたのにさ。やつはおれを売ったんだ。裏切りやがって」

そのときドアがノックされ、ニンニが顔を上げるとそこにブロンドで青い目のコッレンギ刑事が立っていた。

「ああ、おまえの友だちが来たぞ、サヴィオーニ」。ニンニはにやにや笑いながらいった。

サヴィオーニは振り返ってコロンビア人「カルロス」の青い目を見た。

「カルロス、あんたまでつかまったのか？」。彼はうっかり口をすべらせた。

「やあ、サヴィオーニ」。カルロスは訛《なま》りのないイタリア語で話した。「おれは刑事のコッレンギだよ」

サヴィオーニは拳で額を叩いた。「おれはなんて間抜けなんだ」

「もうわかっただろ。今回はこちらのお膳立て通りに運んだんだ。おまえたちの話は全部録音させてもらった。聞くか？　全部聞かせてやるぞ。おまえにはもう、自白するしか道はないんだ」。ニンニは繰り返した。「おまえが自白したら、裁判所は寛大な処置をしてくれるだろうよ」

18 裁判

TRIAL

一九九八年六月二日午前九時半少し前、裁判長席右手のドアが突然開き、粋なブルーのベレー帽をかぶった五人の女性看守に付き添われたパトリツィアが、ミラノ裁判所のすし詰めの法廷に入ってきた。カメラマンとテレビのクルーがいっせいにフラッシュをたき、ライトをあて、パトリツィアは車のヘッドライトに怯えて立ちすくむ鹿のような目をした。前列に座っていた、白いフリルの胸当てと縁飾りがついた黒いローブの弁護士たちが、立ち上がって彼女を出迎えた。

マウリツィオ・グッチ殺人の裁判は始まってすでに数日がたっていたが、どんよりと曇ったその火曜日の朝は、はじめてパトリツィアが法廷に登場する日として注目を集めた。サンヴィットーレの監房で予審を受ける権利もあると知って、彼女はそちらのほうがいいと主張した。だがついている刑事事件専門の著名な弁護士たちと相談して、出廷を決めた。弁護士の一人、ガエターノ・ペコレッラは、この裁判の終了前に、イタリアの国会議員に選出された。もう一人のジャンニ・デドーラは、産業界やマスコミの大物や前首相のシルヴィオ・ベルルスコーニなど、著名人につく弁護士として有名だ。二人の弁護士たちはパトリツィアに、いずれは自分を弁護するため証言台に立たなくてはならないのだから、早く法廷の雰囲気に慣れたほうがいい、とこの日の出廷を勧めた。

パトリツィアは検事のカルロ・ノチェリーノ、弁護士やその後ろにいるジャーナリストたちの前を通りすぎ、まっすぐに後ろのベンチまで行った。彼女の背後には、もっとよく見える場所を求めて一般傍聴人たちが腰まで高さのある木製囲いの前でひしめきあっていた。左側からは、青いベレー帽をかぶって彼女を取り囲むように座っている看守越しに、どんなしぐさも書き留めようとジャーナリストたちがのぞきこんでいた。社交界の女王として、宝石をきらめかせて自信に満ちあふれていたかつての姿はみじんもなかった。五〇歳近くなり、青ざめて髪が乱れたパトリツィアは、法廷に入ってきたとき途方に暮れた表情を浮かべていた。これほど周囲の視線にさらされたことはなかったし、これから向き合わねばならないことになんの心構えもできていない。短い黒髪は櫛を入れないままで、顔は病気治療で薬を服用しているためにむくんでいた。周囲の凝視を避けて自分の手に視線を落とし、右手首に巻いている、信仰による癒しを施すことで人気の高いミリーニョ師からもらった薄い緑色のロザリオを見つめていた。左手には青いプラスチックのスウォッチがはめられている。ヴェネチア大通りにあるマンションの衣装部屋には、デザイナーズブランドのスーツやハンドバッグや靴があふれていたが、その朝着ていたのは簡素な青い綿のスラックスとポロシャツで、青と白のストライプの綿のセーターを肩にかけていた。小さい足には、ヒールが一〇センチある爪先のとがった白い革のミュールをはいていた。

裁判の前、何週間にもわたってイタリアの新聞とテレビは「黒い未亡人」と名づけたパトリツィアと、「黒い魔女」とあだ名をつけたピーナの、火花を散らす争いの物語を書きたてた。裁判が始まる二カ月前の三月に、ピーナは一五カ月間守り通してきた沈黙を破って自白を始めた。彼女はパトリツィアが、マウリツィオ殺害の罪を一人で背負ってくれたら、「監房に金の雨を降らせてあげる」と別の囚人を通して内密の伝言をしてきたといった。気分を害して怒ったピーナは、パトリツィアに地獄に落ちろと伝えた。そして弁護士を通してノチェリーノと話をしたいといってきた。

「私はいい加減歳をとっているし、ずっとここにいなくちゃなんないのよ！　二〇億リラ（一五〇〇万ドル）ももらって拘置所でどうやって使えっていうの？」。三月に五二歳になったピーナは息巻いた。

ピーナとパトリツィアは、ミラノの西の外れにあるサンヴィットーレ拘置所の女性用監房に収容されていた。サヴィオーニとチェラウロも同じ拘置所で、チカーラはミラノ郊外のモンツァ拘置所に収監されている。サンヴィットーレ拘置所には二〇〇〇人近い人間が収監されていたが、女性の収監者は一〇〇人ほどだった。

パトリツィアの弁護士たちは、脳腫瘍の手術後定期的に癲癇《てんかん》の発作を起こすことに配慮し、在宅逮捕にして家に帰してやってほしいと訴えたが、その申し出は通らず、パトリツィアは一度は征服した絢爛豪華な世界から遠くへだたったところに来てしまったことを、サンヴィットーレで痛感していた。

最初のころ、パトリツィアはほかの囚人たちと何かといざこざを起こした。「みんな私が特別扱いされて甘やかされている、人生で欲しいものは全部手に入れた、だから報いを受けて当然だと考えていたのよ」と彼女はいった。中庭での運動時間にほかの女性たちが彼女を嘲笑し、つばを吐きかけ、バレーボールを頭にぶつけてくるなどしたので、休み時間には一人で別の小さな庭にいたいと許可を申し出た。サンヴィットーレの所長は理解のある男で、収監者が多すぎる刑務所だからこそ、モラルは守らねばと考えて、それを許可した。だが母親からの差し入れのミートローフや好物を入れておくために、自分の監房に冷蔵庫を置きたいという申し出は却下した。パトリツィアは全監房に冷蔵庫を寄付すると申し入れたが、それも却下された。そこでしかたなくため息をついて、味気ない拘置所の食事を食べることにし、禁煙の一二番監房で夜遅くまでテレビを見て過ごした。

四階にある彼女の監房は三六平米足らずしかなかった。二段ベッドと二台のシングルベッド、テーブル一つ、椅子が二脚と壁沿いに箪笥《たんす》が二つあり、真ん中の通路は身体を横にしなくては通れないほど狭い。奥に小さなドアがあり、洗面台とトイレがある小部屋につながっている。鉄格子の隅が開いて、一日に三回、拘置所の職員が食事を運んでくると、隅のテーブルと椅子で食べた。パトリツィアは二段ベッドの下に丸くなって寝転がり、壁に貼った聖ピオ神父の写真を眺めて過ごした。ピオ神父は病人を癒す特異な力を持つとされて人気があった。

はじめのころパトリツィアは、同房者たちとの接触を拒否していた。同房者は破産の詐欺罪で投獄されているイタリア人のダニエラと、売春の罪で訴えられているルーマニア人のマリアだ。一人で二段ベッドに横たわり、雑誌をめくって気に入った服のページがあると破ったりしながら日を送っていた。シルヴァーナが甘やかしすぎなほど面倒を見て、ナイトガウンとシフォンやシルクのランジェリーを差し入れて同房者をうらやましがらせた。またロ紅、クリームとパトリツィアお気に入りの香水、パロマ・ピカソも差し入れた。パトリツィアは娘たちに愛情のこもった手紙を書き、封筒にはハートや花のシールを貼って、パトリツィア・レッジャーニ・グッチと署名した――グッチの名前を消すことを彼女は拒否していた。クリスマスとイースター以外は娘たちが面会に来ることを禁じた。拘置所は若い女の子が母親を訪ねてくるのにふさわしい場所じゃないから、というのが理由だ。

一週間に二回、看守の付き添いのもとで長い廊下を歩いて公衆電話のところまで行き、家に電話をかけた。図書館、縫い物のワークショップと聖堂に加えて、サンヴィットーレは美容院があることも自慢で、パトリツィアは一カ月に一回髪を切った。所長の許可のもと、イタリアで有名な美容師のチェザーレ・ラガッツィが、脳の手術跡に髪を移植するため美容院にやってきた。不眠に悩むパトリツィアは、眠るために漫画本の助けを借りた。だが、どんなときもこれから始まる裁判のことが頭から離れなかった。

ピーナは、パトリツィアが自分に罪をかぶせてしまうことを恐れ、沈黙する約束を破ってその汚れた犯罪のあらましを洗いざらいノチェリーノにしゃべり、パトリツィアこそが殺人計画の首謀者だと名指しした。ピーナの自白によって、逮捕された日にサヴィオーニがニンニのオフィスで話した内容が裏付けられた。ノチェリーノは喜んだ。マウリツィオの事業を調べた二年間が徒労に終わったにもかかわらず、一九九八年五月に始まる裁判までに、彼はパトリツィアの罪状を裏付ける証拠を四三個の段ボール箱がいっぱいになるほど集めることができた。弁護士は証拠全部のコピーをとるだけでひと財産つぎこまねばならず、裁判所の事務員たちは台車に証拠書類を乗せて何回となく法廷と事務室を往復した。ピーナとサヴィオーニの自白に加えて、ノチェリーノは電話の盗聴記録を書き起こした書類を何千枚と作成し、中にはパトリツィアと共犯者たちの会話はもちろん、友人たち、使用人、心霊師、マウリツィオとパトリツィアの両方を知っている人たちの証言記録もあった。

一九九七年秋、捜査官はパトリツィアの監房まで尋問にやってきて、モンテカルロの銀行に「ロータスB」という名前で口座を持ち、定期的にピーナとサヴィオーニが受け取ったと証言している金額に相当する額を引き出していたことの証言をとった。金額の数字の横に、パトリツィアはピーナをあらわすPと書いていた。ノチェリーノは逮捕の日に押収した、パトリツィアの革張りの日記帳も証拠品として提出した。だがパトリツィアの口から実際に犯罪に荷担したという自白は取れておらず、それが彼を悩ませていた。

法廷で座った席から、パトリツィアは法廷の部屋の右側にある茶色の鉄格子の檻《おり》——イタリアの法廷では標準的に装備されている——をぼんやりと見ていた。イタリアではアメリカと同様、有罪が決定するまで被告人は無実だと考えられているにもかかわらず、暴力犯罪事件の容疑者は裁判の間檻の中に入れられる。今回は、実行犯で起訴されているベネデット・チェラウロと逃走用の車の運転手だったとされているオラツィオ・チカーラが檻の鉄格子に手をかけて、集まってきたジャーナリスト、弁護士や傍聴人たちをじろじろと見ていた。チェラウロは四六歳で、ボタンダウンのシャツとジャケットというこざっぱりとした格好をしており、黒髪は散髪したてで、ていねいに櫛が入れられ、えらそうに眉根を寄せ、落ち着かない目つきで人々を見ていた。自分は無実だと彼は主張していた。ノチェリーノはサヴィオーニの自白も含めて、有罪に持ち込めるだけの充分な状況証拠があると自信を持っていたが、殺人事件で彼が果たした役割を示す直接的な証拠は何もなかった。禿げた五九歳のチカーラは彼の隣に背を丸めて立っており、大きすぎるジャケットはまるでハンガーにかけられたみたいに肩からぶらさがっていた。破産したピザ屋だったチカーラは、二年間の刑務所暮らしで一二キロやせ、髪の大半を失った。

赤毛に染めた頭髪に虎の柄の綿セーターを着て、自分よりも数列前のベンチに座っているピーナのほうを、パトリツィアは断固として見ようとしなかった。ときどきピーナは、でっぷり太っていつも笑顔の弁護士、パオロ・トライーニとひそひそ話をしていた。トライーニは強調したいことがあるとき、あざやかな青フレームの読書眼鏡を振り回して話す癖があり、やがてそれはミラノ法廷の法律家たちの間で流行となった。イヴァーノ・サヴィオーニは顔がむくんでいたが、頭は整髪料でてかてかに光らせ、黒いスーツにピンクのシャツを着て、男性看守たちに囲まれながら、パトリツィアの右手背後にあるベンチに黙ってだらしなく座っていた。

　ブザーが鳴って裁判長のレナート・ルドヴィチ・サメックと裁判官たちが入ってくるとざわめきは静まった。二人の裁判官の後ろには六人の陪審員と二人の補充員が従ったが、彼らは仕事着の片方の肩からイタリア国旗の色である緑、白、赤のたすきをかけていた。全員が、弧を描く木製の基壇の背後にある一段高くなった席に座った。サメックと裁判官が座り、陪審員が二人の両側に分かれて座った。読書眼鏡を鼻の先に載せたサメックは、厳しい表情で法廷を見渡し、審議中には撮影禁止となるためテレビカメラとカメラマンを法廷の警備員たちが外に出す模様を見守った。

「携帯電話が鳴ったら、その持ち主には退出していただきます」。開廷を告げようとしたとき携帯電話の着信音に妨げられたサメックが、怒りをこめて命じた。グッチ殺人事件の裁判期間中、サメックは一週間に三日は集中して審理を行ない、あと二日は陪審員たちと証拠について会議をし、馬車馬のごとく働いた。イタリアの裁判のやり方にならって彼は陪審員とともに審理を進めていったが、何事においても明瞭であることを強く求めた。いい加減な質問やあいまいな返事には我慢がならないため、しばしば証人に直接自分が尋問した。アメリカの法廷ではありえないことだ。

　何カ月間も続いた裁判の模様は逐一《ちくいち》新聞やテレビで報道され、あきらかにされる愛情、幻滅、権力、富、贅沢、嫉妬と欲望の壮大なドラマにイタリア中が興奮した。グッチ殺人事件はアメリカのO・J・シンプソン事件のイタリア版となった。パトリツィアの弁護士、デドーラは「これは単純な殺人事件ではない」といった。「この事件に比べれば、ギリシャ悲劇が子どもの読み物に思える」

裁判では、桁外れの贅沢にふけるマウリツィオやパトリツィアたち上流社会の生活と、ピーナと三人の共犯者たちのみじめな生活の対比があざやかに浮き彫りにされた。O・J・シンプソン裁判が、アメリカの人種間の軋轢《あつれき》を際立たせたのと同様、グッチの裁判はイタリアの貧富の格差をあぶりだした。

何百万人ものイタリア人が、検察・弁護双方の冒頭陳述を放映するテレビ――サメックは冒頭陳述と評決のときにはテレビカメラを入れるのを許可した――を食い入るように見つめた。浅黒いハンサムな検察官であるノチェリーノは法廷の左側に立ち、裁判官たちが座っている壇上の席とそれに並べて置かれたテレビカメラに向かって、パトリツィアが強迫観念に取りつかれ、前夫に対して憎しみをつのらせて、冷酷になんの迷いもなく彼を殺して何百万ドルもの不動産を自分のものにしようとしたと述べた。

「私はこれから、パトリツィア・マルティネッリ・レッジャーニが、マウリツィオ・グッチ殺害を計画し実行するために支払った金の流れを証明していくつもりです。金は前払いと実行後の支払いも含めて数回にわたって分割して支払われました」。ノチェリーノの声が天井の高い法廷に朗々と響きわたった。

パトリツィアの弁護士、ペコレッラとデドーラは法廷の右側に立って陳述を行った。弁護士たちは、パトリツィアがマウリツィオに対する強迫的な憎しみをあちこちで言いふらしていたことを認めた。だが彼女が病気持ちの金持ちの女性で、長年の友人であるピーナ・アウリエンマにいいようにあやつられていたと主張した。パトリツィアではなくピーナが殺人を計画し、黙っていることを条件にパトリツィアを恐喝した。一億五〇〇〇万リラ（九万三〇〇〇ドル）は金が必要だった友人に、殺人の前に気前よく貸した金だ。四億五〇〇〇万リラ（二七万九〇〇〇ドル）は、その同じ友人が彼女と娘たちを脅して残酷にもゆすりとった金だ。デドーラは低いバリトンを響かせて、証拠はパトリツィアが自筆で署名して、一九九六年にミラノの公証人に預けた一通の手紙である、といった。「私は自分と娘たちの安全を守るため、何億何千万リラも払わされました。もし私の身に何かあったら、それは私が夫を殺した人物を知っているからです。その人の名はピーナ・アウリエンマです」という手紙だ。

その曇った火曜日の朝、デドーラの品のいい雄弁と、パトリツィアのいかにも追いつめられたような手紙という証拠をもってしても、弁護側は立ち直れないほどの痛烈な一撃を食らった。逃走用の車を運転したオラツィオ・チカーラの告白があまりに衝撃的だったせいだ。教育を受けていないチカーラが、シチリア訛りでとつとつと語った話――復讐に執念を燃やすパトリッツィアと貧しい彼の物語――は、弁護側が立てていた戦略を一気に色褪せたものに変えてしまった。

青い帽子の看守がチカーラを檻から出して、四〇歳代前半の女性弁護士の隣に立たせた。豊かに響く声、黒髪、美貌、そして身体の線を出すスーツで法廷を魅了するやり手の弁護士と、自分と家族を最初はギャンブルで、つぎは殺人罪でめちゃめちゃにしてしまった男の組み合わせは見物《みもの》だった。

チカーラは歯のない口をあけてあえぐように、サヴィオーニがやってきて、夫を殺したがっている女がいるといった日について語った。「最初、興味はなかったんだが、翌日また聞かれたから、いいよ、でも金がかかるぞといったんです。いくらだ？　と聞かれたから、五億リラ（三一万ドル）といってやりました」。チカーラの舌はしだいにほぐれてきて、注目を浴びていることが嬉しくなってきた。「そしたらまたやってきて、それでいいといったんでさ。最初に半分、終わってから半分といいました」

金貸しに返済を迫られていたチカーラは、黄色い封筒に入った一億五〇〇〇万リラ（九万三〇〇〇ドル）を、ピーナとサヴィオーニから前金として一九九四年秋に受け取ったとき喜んだが、殺人計画を進めようとはしなかった。ピーナとサヴィオーニにせかされると、時間稼ぎのために、雇おうと思った殺し屋が逮捕されたし、そのために盗んだ車も消えてしまったと嘘を並べた。

「それなら金を返せといわれたんで、もう頼んだ人たちに渡してしまって手元にはないといいました」。チカーラが身動きするたびに、やせこけた身体には大きすぎるジャケットがゆれた。

パトリツィアは法廷の最後列のベンチに座って感情をあらわさずに聞いていたが、突然気分が悪くなったようで、白い看護帽をかぶった看護師があわてて小さな革鞄と注射の器具を持ってかたわらに駆けつけ、注射しようかと聞いた。パトリツィアは、脳外科手術後に発作をおさえるための薬を処方されていた。弁護士たちは裁判の間看護師をパトリツィアに付き添わせるよう手配し、白い制服の存在でパトリツィアに同情を集めることを期待していた。

長年強い女というキャラクターを演じてきたパトリツィアは、注射を拒否した。「いえ、いらない」。パトリツィアは前かがみになってティッシュを顔にあてた。「水をお願い」

チカーラはパトリツィア本人と会ったときのことをくわしく話し、それで殺人計画がにわかに現実味を帯びたとした。一九九四年の終わりまで、パトリツィアはピーナとだけ交渉しており、ピーナがサヴィオーニと自分に情報と金を取り次いだ。だが一九九五年のはじめ、少しも話が進展しないことにいらだち、だまされているのではないかと不安になったパトリツィアが、ピーナ抜きで計画を進めようとした、とチカーラは話した。

「ある午後のことです。たしか一月の終わりか二月のはじめだったはずです。寒かったですから。おれは家にいて、玄関のベルが鳴って出たらサヴィオーニでした。それで彼と一緒に階下に下りたら、彼が小声で『彼女が車にいる』といいました」

「それであなたは彼女がそこで何をしているのかと聞きましたか?」。ノチェリーノは法廷左側の自分の席に座ったままで聞いた。

「いいえ、おれは何もいわなかったです。サヴィオーニの車の後部座席に座ったら、前の座席にいたサングラスをかけた女性が、パトリツィア・レッジャーニだと自己紹介したんです」。チカーラはそのときまでに、彼女が前夫を殺したいと思っている人だと知っていた、と検事に話した。「彼女はあたりを見回して、いくら金をもらったのか、その金はどうした、どこまで準備が進んでいるかと聞きました」

「彼女に、一億五〇〇〇万リラもらって、殺し屋を見つけたけれどそいつが逮捕されたので、もっと金と時間が必要だといいました。それを聞いた彼女は、あなたにもっとお金を渡したら、必ずやりとげてくれる?　もう時間がない。あの人はクルーズに出かけるところで、いったん出ていったら何カ月も帰ってこない、といいました」

チカーラは息を吐き出し、水を頼んだ。「ここからやっと肝心な話になります」。そういって確かめるように法廷を見渡した。

「どうぞ続けてください」。ノチェリーノは椅子に気持ちよさそうによりかかりながら、手でうながした。

「彼女はいいました。金が問題じゃない、ちゃんとやりとげることが重要なのだ、とね」。チカーラは続けた。「だから聞いたんです。もしおれがこれをやって、何か起こったら、おれはどうなるんだろうね？　そしたら彼女が、チカーラ、よく聞いて、もしあんたがやったとわかってつかまっても、私の名前を出さないでおいてくれたら、監房は金ぴかになるってね。だから私はいったんですよ。私には子どもが五人いて、その子たちの人生をめちゃめちゃにしてしまうんだ。通りに放り出されるようなことになったらおれはどうしたらいい？　そしたら彼女が、あんたにも、子どもたちにも、孫たちにも充分なことをするから、といったんですよ」

チカーラは目を上げて、裁判長と検事と自分の弁護士に、つぎにいうのは恐ろしいことだと断った。

「やっとチャンスがめぐってきたと思ったんですよ。これで家族と子どもたちにちゃんとした暮らしをさせてやれる。そのときから、おれはやろうと決めたんでさ」。手を大きく広げていった。「いつどんな風にやったらいいかわからんかったが、とにかくやろうと決めたんです」

それから数週間、ピーナは毎日のように電話をかけてきて、マウリツィオ・グッチの所在に関する情報を流した、とチカーラはいった。「マウリツィオ・グッチがおれの毎日のトップニュースになりました」。当時のことを思い出して目をぐるりと回していった。

自分に殺人ができるかどうか自信がなかったチカーラは、チンピラの麻薬密売人という男を殺し屋として雇うと決めた。つぎのチカーラの証言でサメックは疑わしげに彼を見つめ、ノチェリーノは驚愕したのだが、殺し屋はベネデット・チェラウロ——檻の中で眉をひそめながら聞いていた——ではない、本当の殺人者は別の人間で、まだ逃走中なので恐ろしくて名前をここでは挙げられない、と彼はいった。誰もそれを信じなかったが、それ以上どうすることもできなかった。イタリアでは自分の弁護のために証言台に立った被告人は、全面的に真実を話すことも、真実しか話さないと強制されることもなかったからだ。

三月二六日日曜日の夜、ピーナはマウリツィオがニューヨークの出張から戻ってきたと知り、チカーラに電話で秘密の合い言葉でそれを伝えた。「小包が着いたわ」

翌朝チカーラは殺し屋を拾って、一緒にパレストロ通りまで車で行き、マウリツィオを待った。

「四五分ほど待ったところで、彼がヴェネチア大通りを渡って舗道を歩いてくるのが見えました」。チカーラがそのときちらりと時計を見たら、朝八時四〇分だった。

「殺し屋がおれに聞いたんです。あいつかい？」

チカーラはピーナからマウリツィオだといって渡された写真の人物が元気よく舗道を歩いてくるのを認めた。

「そうだ、あいつだ、といいました」

「そのとき殺し屋は車から出て、所番地を確かめるふりをしながら門のところまで行きました。おれは車を移動させました。そしてそのとき、あのことが起こったのです」。静まり返った法廷をチカーラは見渡した。「おれは何も見ませんでしたし、聞きませんでした。車を移動させていましたからね。そしたら殺し屋が戻って車に飛び乗り、おれが運転して週末に下見しておいたとおりの道でアルコーレまで逃げました。殺し屋が、どうも門番も殺してしまったようだといいました。おれは彼を降ろして、九時に自分の家に帰りました」

数週間後証言台に立ったピーナは、ナポリ特有の語尾をひきずるしゃべり方で、パトリツィアがマウリツィオの殺害をどのように頼んだかをあざけるような口調で話した。

「私たちはまるで姉妹みたいで、あの人は私になんでも話したんですよ」。その日は、それまで着ていた虎柄を大きなバラの柄のセーターにかえたピーナはいった。「ほんとは自分の手でやりたかったのだけれど、勇気がなかったのね。骨の髄まで北部の人間だから、私たち南部の人間なら誰でもカモッラ（一九世紀にナポリで生まれた秘密犯罪結社）とかかわりがあると思い込んでるの」。目をぐるりと回しながらピーナはいった。ミラノでピーナがほかに知っている人間といえば、友人の夫だったサヴィオーニくらいしかいない。計画を立てるのを手伝ったピーナだが、その後パトリツィアが執拗にその計画を実行するよう圧力をかけてきたことを話した。

「なんの進展もなく日々が過ぎていくのは、彼女にとって耐えがたいことだったんです。毎日私を責めたてたので、私はサヴィオーニにやいのやいのいって、彼は彼でチカーラをガミガミいってせかした。ほんとたまんなかったね」

　ピーナはマウリツィオが殺されたあとノイローゼになり、ひどく落ち込んで神経を病み、精神的にぼろぼろになったという。マウリツィオの葬式の数日前に、彼女は冷静を装ってパトリツィアに電話をかけた。

「これであんたもいい知らせが聞けたわけだね」。ピーナはいった。

「そう、私は元気よ。元気いっぱい」。パトリツィアはきっぱりいい切った。「やっとこれで精神的に落ち着けるわ。安らかな気持ちよ。娘たちも落ち着いてるわ。これ以上ないほどの喜びと平和の訪れだわ」

ピーナはパトリツィアに、自分はものすごく悩んで落ち込んでいて、精神安定剤を飲んでいるし、自殺さえも考えてしまうといった。

「しっかりしてよ、ピーナ。ばかなことをいわないでよ」。パトリツィアはあっさりといった。「全部終わったのよ。落ち着きなさい。いまさら死ぬなんていわないでよ」。ピーナはローマに移り、パトリツィアが送ってくる月三〇〇万リラ（一八〇〇ドル）で暮らした。あるときピーナはついに耐え切れなくなって、パトリツィアと共通の友人に秘密を打ち明けてしまった。

「パトリツィアの金で私は不幸のどん底につき落とされた」。怯えて聞いている友人にいった。この言葉は法廷だけでなく、裁判を伝える新聞でも話題となった。

ピーナは自分にだけ罪を着せようとするパトリツィアに対して、裁判中何回も怒りをあらわにした。あるときついに自発的な陳述を求めた。サメックが認め、ピーナは立ち上がって、パトリツィアの母親であるシルヴァーナが娘の殺人計画を知っているばかりか、マウリツィオが殺される何カ月も前に、シルヴァーナ自身がミラノで勢力をふるっている中国人暴力団につながっているイタリア人のマルチェッロという男に殺害を持ちかけたが、報酬で折り合いがつかず、計画は頓挫したといった。パトリツィアの逮捕後、ノチェリーノはパトリツィアの義兄にあたるエンゾからも、シルヴァーナはパトリツィアの共謀者であるばかりでなく、何年も前に父親のレッジャーニの死期を早めて財産を奪ったという訴えを受け取っていた。エンゾは慢性的に金銭問題を抱えており、以前にもシルヴァーナがレッジャーニ家の財産をより多く相続したと訴えを起こし、敗訴していた。シルヴァーナは義理の息子の悪意ある申し立てをきっぱりと否定し、医者にいわれた余命よりも夫を長く生かしたといった。イタリアの新聞は「母娘の略奪チーム」の話を書きたて、検察がシルヴァーナを告訴するための捜査を正式に始めた。だがピーナの陳述を裏付ける証拠は何も上がってこず、シルヴァーナは申し立てを二件とも強く否定した。

証人の何人かは、法廷の法律家、ジャーナリスト、法廷補助員、毎日のように押しかける物見高い傍聴人たちに衝撃を与える証言をした。門番のオノラートは事件を目の当たりにし、しかも自分も撃たれて奇跡的に助かった目撃証人ならではの、背筋が寒くなるようなマウリツィオの最期を語った。グッチ家の元家政婦だったアルダ・リッツィは、マウリツィオが殺された日の朝パトリツィアにお悔やみの電話をかけたとき、クラシック音楽が大音量でかかっていて、パトリツィアが落ち着き払って無関心な様子だったと話し、全員を驚かせた。マウリツィオが頼っていた心霊師のアントニエッタ・クオモは、マウリツィオを悪い霊から守るために自分がどれほど苦労し、仕事の計画では安心させていたかを話した。マウリツィオと同棲していたパオラ・フランキ――マウリツィオの財産分与を訴えたがかなわなかった――はマウリツィオとの恋愛と結婚式の計画を話して法廷に集まった人間を楽しませた。だが、前列のベンチに弁護士たちにはさまれて座り、感情をいっさいあらわさずに自分を凝視しているパトリツィアには、法廷にいた四時間の間、ちらりとも視線を向けなかった。裁判の間、パオラとパトリツィアは二人ともマウリツィオを「夫」と呼んだが、死んだとき彼は誰とも結婚していなかった。パオラの耳たぶと指には小さなダイアモンドがきらめき、豪華な刺繍をほどこしたリネンのスーツに身を包んだパオラが脚を組み替えるたび、ほっそりとした足首に誘うようにつけられたゴールドのアンクレットに、全員の目が釘付けになった。

「いまパトリツィアにとって一番いいのは、すべてをなかったことにして忘れてしまうことなんでしょうね」と証言後法廷の外に出てきたパオラは記者たちにいった。

夏になって審理に疲れが見えたころ、警官と捜査官たちが証言台に立ち、二年間にわたってマウリツィオの仕事関係をむなしく調べ、カルパネーゼとニンニ捜査官のおかげで思いもかけないところから突破口が開けた捜査の模様を話した。そしてパトリツィアの担当だった銀行員が、モンテカルロから現金の束を個人的に彼女のもとに運び、その金は親友のピーナに借金を返すためだとパトリツィアが説明したことを証言した。

「借金だというのなら、どうして銀行経由で送金しなかったのですか？」。ピーナの弁護士である、ナポリ出身で、やせて肩まで髪を伸ばし、あけっぴろげな笑顔のパオロ・トロフィーノが太い声でパトリツィアに聞いた。

「私は銀行送金のやり方なんて知りませんから」。パトリツィアは証言台で平然といい返した。「お金のやり取りは全部現金でやってるんです」

医師たちはパトリツィアの病気について話した。弁護士たちは離婚調停の条項を具体的に説明した。友人たちは、マウリツィオに対するパトリツィアの復讐心に満ちた厳しい攻撃について詳述した。証人たちがつぎつぎと証言台に立つ間、パトリツィアは法廷に黙って座って集中して聞いていた。

七月、サンヴィットーレ拘置所の美容院で髪型を一新し、ペディキュアをきれいに塗ったパトリツィアは、淡いグリーンのデザイナーズブランドのスーツを着て颯爽《さっそう》と証言台に立ち、三日間にわたって落ち着き払って、起訴されている罪状のすべては巧妙に仕組まれたものだと被告側の答弁を行った。その姿は、高飛車で傲慢で、誰に何を言われようと一歩も譲らない強情なところは以前から少しも変わっていないように見えた。法廷からの依頼で彼女を診察した三人の精神科医に観察されながら、彼女はときにノチェリーノよりも理路整然と語った。つづいて精神科医は、彼女の精神はまったく正常だが、自己愛性人格障害だと診断し、自己中心的で、すぐに怒りを爆発させ、自己誇大性により問題を過大視する、と所見を語った。もしかすると彼女もまた罪悪感に悩まされたのではないか？　娘に父親を殺したのかと聞かれたとき、真実を告白したくなかったのではないか？　それとも真実をいったのか？　ピーナが彼女に代わって計画を推し進めたのか？　精神科医はただちに自分たちの結論を導き出した。

「彼女の行動は充分に理解できます」と診察した精神科医の一人がいった。「だがそれを許すわけにはいきません。誰かに自分の人生を狂わされたからといって、その人を殺すことは許されないでしょう」

証言台でパトリツィアは、マウリツィオとの結婚生活は最初の一三年間この上なく幸福だったといった。だが妻よりもビジネス上の助言著たちの意見に影響されるようになったときから、しだいに結婚生活は破綻していったという。

「私たちは世界でもっとも美しいカップルだといわれました。でも父親のロドルフォが亡くなり、マウリツィオはそれまで決断を下してくれていた父親のかわりに助言者たちに相談するようになったんです。あの人は、最後に上に座った人の尻の形になってしまうクッションみたいな人でした」。嫌悪感をこめてパトリツィアはいった。

別居と離婚の取り決めについても語り、十分な金は渡されていたが、自分が切望した不動産の権利はいっさい譲渡してもらえなかったといった。「あの人は私に骨をよこし、肉はくれようとしませんでした」。痛烈な口調でパトリッツィアはいった。

離婚する前のあるとき、サンモリッツの別荘に娘たちを連れて出かけると鍵が替えられていて中に入れなかった話をした。

「ちょっとばかり動転して警察を呼んだんです。中に入れてもらえたんで、私は鍵をまた替えました。それでマウリツィオに『いったいどういうことよ？』と聞いたら、あの人は『夫婦が別居したら鍵を替えるもんだって知らなかったのか？』といったんです。『そうなの、それじゃ私も鍵を替えたから、つぎは誰が替えるか見物《みもの》だわね』といってやりました」

パトリッツィアは何年間にもわたってマウリツィオに対する憎しみが強迫的にふくらんでいったことを認めた。

「なぜですか？」とノチェリーノがたずねた。「あなたを置いて出て行ったから？　ほかの女性と一緒になったからですか？」

「もうあの人を尊敬できなくなったんです」。少しの沈黙のあと、静かな口調で彼女はいった。「私が結婚したときのあの人じゃなくなった。結婚したときのいいところはなくなった。

ってしまった」。伯父のアルドに対する仕打ちに、家を出ていったやり方に、ビジネスで失敗したことに、どれくらい自分がショックを受けたかを話した。

「それならどうしてあなたは、彼からかかってきた電話や彼が娘さんたちと会ったときの記録を、逐一日記帳に書いていたのですか？」とノチェリーノが聞いて、法廷で日記の一部を紹介した。「七月一八日、マウが電話をしてきたが、その後彼は姿をくらましてしまった。七月二三日、マウから電話。七月二七日、マウから電話。九月一〇日、マウがあらわれる。九月一一日、マウから電話。娘たちと会って、私たちはしゃべる。九月一二日、マウが娘たちと映画に行く。九月一六日、マウから電話。九月一七日、マウが娘たちと学校で会う」

「たぶん……たぶん、ほかにどうすることもできなかったからです」。パトリツィアは弱々しく答えた。

「少なくともこの日記を拝見するかぎり、マウリツィオは家庭や娘さんたちを捨ててしまったわけではないように思いますがね」。ノチェリーノはいった。

「あの人はものすごく情が深いときがあるんです」。パトリツィアは説明した。「娘たちに電話をかけて、『いいよ、それじゃ今日の午後映画に連れていってあげよう』といいます。子どもたちが待ちあわせ場所に行っても彼はあらわれず、夜になって電話してきて、

『ああ、悪かった、ごめん。忘れていたんだ。それじゃ明日はどうだい?』。そしてまた同じことが繰り返されます」。パトリツィアはいった。

「マウリツィオが亡くなった日に日記に書かれた『パラディーソス（天国）』の言葉と、一〇日前に書かれた文章はどういう意味です? 『金で買えない犯罪はない』。これをどう説明しますか?」。ノチェリーノが聞いた。

「その日記を書き始めたときから、私はよく心にひっかかったり気に入った文章があると書き写していたんです。ただそれだけで、それ以上の意味はありません」。彼女は答えた。

「それと日記に書かれた脅しの文句や、マウリツィオに『あなたには一分たりと安らかな時間を与えてやらない』と吹き込んだテープを送り付けた件についてはどう説明しますか?」

パトリツィアの黒い目は細くなった。

「病院でお医者さんにあと数日の命だといわれ、母が子どもたちを連れて夫に会いに行き、『あなたの奥さんが死にかかっている』といったら、『忙しくて時間がない』といわれ、娘たちが見つめる中を手術室に運ばれていくとき、もしかするともう二度と生きて出てこられないというときにも夫は姿を見せなかったんですよ。あなたならどう思いますか?」

「ではパオラ・フランキと彼との関係についてはどう思ってましたか?」。ノチェリーノはたたみかけるように聞いた。

「話をするたびにマウリツィオは私にいいました。『いま、きみとは正反対の女性とつきあっている、彼女は背が高くてブロンドで緑色の目をしていて、いつも私のあとを三歩下がってついてくるのさ』。私にいえるのは、彼には三歩下がって後ろをついてくるブロンド女がほかにも何人もいたことです。私はそんな女とはちがったわ」

「そんな女性たちと結婚するかもしれないと恐れていましたか？」

「いいえ。マウリツィオは私にいいました。『離婚したら、もう二度と、まちがっても女をそばに置きたくないね』」

パトリツィアはマウリツィオを殺害する計画があったことを、彼が死んでから数日後にはじめてピーナから聞かされた、といった。散歩に出かけたとき、ヴェネチア大通りのマンションの裏手にあるインヴェルニッツィ庭園でピーナから聞いた。そのときの会話をパトリツィアは詳しく述べた。

「『私たちからのプレゼントにあんたは満足しているわね』とピーナがいったんです。『マウリツィオはいなくなり、あんたは自由よ。サヴィオーニと私は一銭もない。あんたは金の卵だ』。二五年来の友人で、アレグラが生まれたときにかたわらにいてくれ、マウリツィオが家を出ていったあとも励まし、脳の手術のときにも何かと助けてくれた友人が、もし五億リラ払わなかったらあんたも娘たちもただではすまないと、傲慢に、粗野に、下品に脅しをかける人間になってしまったんですよ」

「気分が悪くなりました。頭がおかしくなったのかと聞いたくらいです。警察に行くといったら、もし行ったら告訴するといわれました。『あんたがマウリツィオ・グッチ殺しを引き受ける人間を探していたことは知れわたっているんだよ』と彼女はいったんです。『忘れるんじゃないよ。一人殺すのもあと三人（パトリツィアと二人の娘たち）殺すのもおんなじなんだからね』。そして五億リラよこせ、といいました」。数列後ろのベンチに座っているピーナは、パトリツィアのこの証言に鼻を鳴らし、腕を大きく広げて嫌悪感をあらわに示した。

「どうして抵抗しなかったんです？」。ノチェリーノが聞いた。「なぜ警察に行かなかったんですか？」

パトリツィアは、答えはわかっているだろうという表情で彼を見た。「いまみたいにスキャンダルになって大騒ぎされるのが恐かったんです。それにマウリツィオが死ぬことは長い間私が望んでいたことでしたから。それにそれくらいは彼の死の代価として当然支払っていいと思いました」。しれっとした顔で彼女はいった。

ノチェリーノは、前夫の死後、パトリツィアとピーナが毎日のように電話でしゃべり、クレオール艇で一緒にクルージングに出かけ、マラケシュへの休暇旅行までともにしていることを指摘した。

「お二人の関係は脅迫している人間とされている人間というよりは、とても仲のよい友人の典型のように思えるんですがね」。ノチェリーノはいった。

「ピーナは、電話はまずまちがいなく盗聴されていると私に警戒をうながし、声や言葉に緊張が出ないように極力注意すべきだと命じました。これまでと少しも変わらないよう行動するよう主張したんです」。パトリツィアはまばたきもせずにいい返した。

九月にパトリツィアの母、シルヴァーナが娘の弁護のために証言台に立った。茶色のスラックスに色を合わせたチェックのジャケットを着て、赤毛を梳《と》かしつけて額を出したシルヴァーナは、「娘はピーナの言いなりでした。どこで外食するか、どこへ休暇に出かけるかまでピーナに全部決められていました」といった。彼女の節《ふし》くれだった手は杖の銀の取っ手に置かれ、茶色の目はもの憂げだった。

「ピーナがあの子の脳みそを食べてしまったんですよ」。シルヴァーナは、娘がおおっぴらにマウリツィオの殺し屋を探していたことを認めた。そしてそれを聞き流していた、といった。

「まるで『そこでお茶でも飲まない?』という口調で話していたんです。気にもとめていなかったんですよ。残念なことに……」

サメックは眼鏡越しにシルヴァーナをじっと見下ろして聞いた。

「残念だ、とはどうしてですか？」

「そんなバカなことは口にするなと止めるべきでした」。シルヴァーナが答えた。

「ふーむ」。サメックが疑問を感じている声を出した。「本当に『残念』だったかあやしいですな」

一〇月末にノチェリーノは最終弁論を二日間かけて行ない、この裁判のどんなささいなことも逃さず網羅して述べた。サメックは読書眼鏡をはずし、高い背もたれの革張りの椅子に深く腰かけて耳を傾けた。法廷の前にある証言台は空席で、テレビカメラが一台だけノチェリーノの動きを追っていた。

「パトリツィア・マルティネッリ・レッジャーニはマウリツィオ・グッチ殺害を命じた容疑を断固否認しています」。ノチェリーノの声は法廷に響き渡った。「被告は自分の解釈での事実を述べ、ピーナ・アウリエンマが前夫の死をプレゼントしてくれ、その後代価を支払うように脅かしたのだと述べました。それが彼女の抗弁です」

「だがその抗弁には信憑性がありません」。ノチェリーノは静かにいって、それから声を張り上げた。

「パトリツィア・マルティネッリ・レッジャーニは、前夫によってプライドが深く傷つけられた上流階級の女性です。前夫の死によってのみ、その傷はいやされたのです！　そして死後、やっとこれで心の平安が得られた彼女は、日記に『天国』と書きました。この言葉こそ彼女の本音です」。最後に彼は、五人の被告全員に終身刑を求刑した。イタリアの法律では最も重い量刑である。パトリツィアはただちにハンガーストライキを宣言した。

娘のアレッサンドラとアレグラは、弁護側の最終弁論のときにはじめて法廷にやってきた。二人の娘たちはシルヴァーナとともにうしろの座席に肩を寄せ合って座り、パトリツィアは弁護士たちにはさまれて前のほうに座っていた。

パトリツィアの弁護士のデドーラが話し始めると、法廷の高い天井にそのバリトンがこだました。

「前夫の死を見たいというパトリツィアの願望を盗んだ泥棒がいました。そして自分の手でその願望を達成してしまったのです。その泥棒がいま法廷にいます。ピーナ・アウリエンマです！」

デドーラが最終弁論を行った日の休憩時間に、パトリツィアは後部座席に行って娘たちを抱きしめキスした。母親が夜明けに逮捕されてから母娘は数えるほどしか会っていない。娘たちを抱きしめている彼女を、法廷にまぎれこんだパパラッチが取り囲み、盛んにフラッシュをたいた。娘たちはパトリツィアの頬をそっとなで、ハンガーストライキ中でも食べられるようにと人参《にんじん》を一袋渡した。三人は声をひそめて話し、私的な会話のはしばしが聞こえてこないかと耳をそばだてている周囲に無関心を装った。

一一月三日、裁判の最終日はミラノの冬にはよくある曇ってどんよりとした天気になった。サメックは九時半にすばやく審理を開始し、その日の午後に評決がいい渡されると宣言した。記者たちは法廷を飛び出して会社にその知らせを伝えに走った。サメックは被告の一人ひとりに陳述を許可した。

パトリツィアはイヴ・サンローランの黒地のピンストライプのスーツに、裏側に銀色の素材を張った黒のフード付ジャケットを着て最初に陳述した。弁護士が用意した文書を読み上げるのをやめ、自分の言葉で話すことを選んだ。

「私は愚かとしかいいようがないほど無邪気でした。意思に反して事件に巻き込まれたのであって、共犯者であることは絶対的に否認します」。そしてアルド・グッチの金言を引用した。「狼がどんなに愛想がよくても、鶏の群れに入れてはならない。遅かれ早かれ腹をすかすから」。シルヴァーナは、弁護士が用意した文書を読み上げない娘の勝手な振る舞いに舌打ちした。

ロベルト・グッチはフィレンツェで、ジョルジョ・グッチはローマで、パトリツィアの陳述をニュースで聞いて、父親の名前をそんな利己的な内容で引用したことに二人とも憤《いきどお》った。

その午後遅く、霧が立ち込めて霧雨がしとしと降りだした。ジャーナリスト、カメラマンとテレビの中継車が裁判所の中庭に続々と詰めかけた。法廷内がざわめいている中、パトリツィアと四人の共犯とされている被告人たちが、青いベレー帽の看守に連れられて入廷した。弁護士にはさまれ、目を大きく見開き青ざめた顔のパトリツィアがベンチに座った。ジャーナリストとカメラマンが少しでもいい場所から彼女の表情を見ようと争う中、ノチェリーノは自分の片腕として、三年間この事件を担当してきた若い警官のトリアッティの腕に軽く手を載せた。頭をそっと近づけると耳元でささやいた。

「たとえどんな判決が下っても、取り乱すんじゃないぞ。平然としていなさい」

法廷中の視線が集中する中、サメックの書記が法廷と裁判長室を忙しく往復していた。シルヴァーナ、アレッサンドラとアレグラの姿は見えなかった。その日の午前中に被告人の最終陳述が行われたあと、三人は『最後の晩餐』の絵で有名なサンタ・マリア・デッレ・グラーツィエ教会に出かけた。観光客が大勢押し寄せるこの教会で、パトリツィアに頼まれたとおり、赦免の聖人である聖エスペディートに捧げる三本のロウソクの火を灯した。もう二本灯した。一本はパトリツィアに、もう一本はマウリツィオに。ミラノの一流大学であるボッコーニ大学ルガーノ分校で経営学を学ぶアレッサンドラは、その後ルガーノの自分のアパートに戻り一人で過ごすことを選んだ。三枚の聖なる絵を忍ばせ——聖エスペディート、ルルドのマリア像、そして聖アントニオ——授業に出席したが、法廷での母や裁判官や裁判長の様子が頭から離れず、授業に集中できなかった。アパートに戻ると、ビデオでお気に入りのディズニー映画『美女と野獣』を見て、祈った。

五時一〇分、七時間あまりの審議が終わり、ブザーが鳴ってサメックと司法官たち、六人の陪審員が法廷に入ってきた。カメラとテレビカメラが前方にひしめいた。数秒後、シャッターの音しか聞こえなくなった。

サメックは手に評決が書かれた紙を持ったまま、法廷中を見渡した。

「イタリア人民の名において……」

パトリツィア・マルティネッリ・レッジャーニと四人の共犯者全員を、マウリツィオ・グッチ殺害において有罪とする。イタリアの裁判では評決のときに判決も申し渡す。パトリツィア・レッジャーニ、懲役二九年。オラツィオ・チカーラ、懲役二九年。イヴァーノ・サヴィオーニ、懲役二六年。ピーナ・アウリエンマ、懲役二五年。ノチェリーノの要望にもかかわらず、殺人の実行犯であるベネデット・チェラウロだけが終身刑だった。法廷がざわめいた。

テレビカメラは、身動きもせず立ったままサメックの顔を凝視しているパトリツィアを撮影した。彼が判決をいい渡したとき、その目はまばたきした。一瞬下を向いたがすぐに視線を戻し、サメックが読み終わるまで冷静に見つめ続けた。サメックはもう一度法廷を見渡すと紙を折り畳み、法廷を出ていった。五時二〇分だった。

サメックの背後でドアが閉められるやいなや、カメラマンとジャーナリストたちがいっせいに前に押し寄せ、弁護士の間で丸くちぢこまっているパトリツィアの表情をとらえようと群がった。

「ときが真実をあきらかにします」。それだけいってパトリツィアは口を閉じて沈黙を通した。デドーラは携帯電話でヴェネチア大通り三八番地を呼び出し、シルヴァーナとアレグラに判決を伝えた。

サメックが評決文を読み上げているとき、トリアッティの頭には血が昇った。実行犯よりも計画を立てた主犯のほうが低い量刑など聞いたことがない。怒りを押し殺し、ノチェリーノを見て、頭の中で計算しながら逃げるように法廷を出た。二九年だって？　ということはパトリツィア・レッジャーニは実質一二年から一五年で釈放される。六二歳から六五歳の間だ。この事件を最初から最後まで担当したトリアッティは気分が悪くなった。

檻の中でいらいらと評決を聞いていたベネデット・チェラウロは、判決がいい渡されるとベンチから飛び上がり、鉄格子をつかんで傍聴人席にいる若い妻のほうを見た。まだ子どもが赤ん坊の妻は涙にかきくれていた。

「こんな風に終わると思っていたんだ」。チェラウロは傍聴人席に向かって叫んだ。「やつらは都合よく厄介払いをしやがった！　無実を叫ぶ以外、おれにはどうすることもできないんだぞ。これじゃ檻の中の猿と同じじゃないか」

言い渡された刑期の長さにもかかわらず、ピーナ、サヴィオーニとチカーラはほっと胸をなで下ろした。これで終わった。終身刑は免れたわけだ。弁護士とひそひそ声で今後の相談をした。おとなしく刑期をつとめれば、たぶん一五年以下で出てこられる。

サメックはのちに文書で自分の意見を発表し、それぞれの判決の理由を書面で説明した。パトリツィアの場合は、犯行の重大性は認めるものの、精神科医グループが自己愛性人格障害という診断を下したことを認めて、終身刑ではなく二九年の刑期が適切であると考えた。

「マウリツィオ・グッチは、金を支払って憎しみをなだめてくれる人間を見つけた前妻によって、死刑を宣告されたわけだ」。サメックは書いた。「前妻の憎しみは日毎《ひごと》つのり、まだ若く、健康で、やっと落ち着いた生活を送れるようになった一人の男――しかもかつては彼女が愛し、二人の娘たちの父親でもある男――の命を奪うまでにふくらんでいった。

マウリツィオ・グッチにも落ち度はあっただろう。たぶん父親としていつも子どもたちのそばにいたわけではないだろうし、夫としても思いやりがあったわけでもないが、妻の目にはそれが許しがたい悪行と映った。マウリツィオ・グッチと離婚したことで、彼女はばく大な財産と国際的な知名度、それにともなう社会的地位、特権、贅沢な暮らしを奪われたと思った。パトリツィア・レッジャーニはそれらをあきらめることができなかった」

サメックはパトリツィアの行動の中でもとくに由々《ゆゆ》しい問題は、殺人という重大犯罪を犯し、長い時間をかけて計画し、しかも経済的な動機によるものであること、娘を通じてまだあったマウリツィオとの間の感情の絆《きずな》を無視したこと、そして彼の死後、彼女が解放感にひたり、心の平和を得たといっている点だとした。

パトリツィアの人格障害は、自分の夢と期待が裏切られるごとに表面化していった、とサメックは指摘する。「彼女にとって人生がうまく回っている間、人格障害を示す行動はなかった。だがうまく回らなくなったとたん、その感情と行動は一般的に許される範囲をはるかに超えて、人格障害の兆候をあらわすようになった。パトリツィア・レッジャーニは自分がやったことがどれほど重大なのか理解できていない。自分の望みをかなえてくれなかった、野心がくじかれた、期待が裏切られた、という理由で、極端な暴力行為に走った」

マウリツィオ・グッチは自分が持っていた富と名声のために死んだ。彼自身のせいではない。

ヴェネチア大通りのマンションの居間で、シルヴァーナは壁いっぱいに飾られたパトリツィアの肖像画の前で身体を前後に揺らしながらいった。

「二九年よ、二九年」。まるで繰り返すことによってその意味が薄れるとでもいうように、何回も彼女はつぶやいた。アレグラは祖母をなぐさめるために抱きしめ、それからルガーノにいる姉に電話して評決を伝えた。電話を切ったとたん、友人や親戚からつぎつぎと電話がかかってきた。サンヴィットーレでパトリツィアの担当だった社会福祉員からもなぐさめの電話があった。

「二九年も待てないわ」。シルヴァーナはアレグラを抱きしめながら強くいった。「泣いている場合じゃないわね。明日の朝九時半、パトリツィアに会いにいきましょう。あそこから出してやるのよ」

パトリツィアに有罪判決が下った週、世界中のグッチの店でウィンドウにスターリングシルバーの手錠が飾られた。だが広報の女性は「単なる偶然だ」といった。

19　乗っ取り　*TAKEOVER*

一九九九年一月六日水曜日の朝、ドメニコ・デ・ソーレはニューヨークから一晩かけてロンドンに帰ってきて、ナイツブリッジのタウンハウスで妻のエレアノーレとともに朝寝をしようとベッドに入った。彼ら一家はコロラド州でスキーを楽しみ帰ってきたところだ。

前年の秋に、デ・ソーレとフォードはグッチの本社をロンドンに移転させた。まだ生産業務はフィレンツェのスカンディッチに置いたままだし、グッチ本社の法律上の所在地はアムステルダムにある。ビル・フランツがサンフェデーレの本社を閉鎖し、会社の頭と心を一つにするといってフィレンツェに移転してから五年後にあたる年に、今度はロンドン移転を決めた。五年間にいろいろなことがあり、デ・ソーレとフォードは移転が新たな展開になると考えた。ロンドンに本社を置くことで、グッチは最高水準の国際的な経営幹部を募集できる。優秀な人材をフィレンツェに住まわせるのはなかなかむずかしかった。それ以上に、フォードはロンドンにすっかり心惹かれていた。活気があって、おしゃれで、新しいトレンドが生まれる街だ。パリはシックだったが、自分を受け入れてくれない気がした。「自分が話せる言語のところに住みたかったんだ」と彼は認めた。デ・ソーレの妻のエレアノーレもロンドン移住に大喜びだった。フィレンツェを離れたくてうずうずしていたからだ。最初は社内で不安視して反対する声があったが、すぐに懸念は消えた。デ・ソーレはフィレンツェに自分の部屋を置き、頻繁に出張した。移転のおかげで、フォードはロンドンでクリエイティブ・スタッフを一つにまとめることができた。彼とアシスタントはフィレンツェとパリを往復するのに忙しく、不便で効率が悪かった。そこでフォードはビデオ会議の設備を一式購入し、自宅とグッチのオフィスから世界各地を通信で結ぶことで、自分がどこにいても仮縫いを指示し、デザイン会議を開くことを可能にした。この設備は高価だったが、時間とエネルギーと出張費を考えると充分に元は取れると考えた。

その朝デ・ソーレは、オフィスに出勤する前にめずらしくひと眠りしたいと思った。オフィスは仮設で、オールド・ボンド通りから歩いて数分のグラフトン通りにある。その日はイタリアが宗教祭日の公休日なので、静かに過ごせるだろうと予想していた。去年の六月にライバルのプラダがグッチの株を九・五パーセント取得したと発表し、単独では最大の株主になって以来気が休まることがなかったデ・ソーレは、年が明けてようやく一息ついたところだ。プラダは一〇パーセント以下で取得を中止し、代表者が株主総会で投票したところだ。デ・ソーレは、これならグッチは安泰だと胸をなで下ろしていた。

プラダはファッション業界に揺さぶりをかけており、昨夏にグッチの株式を取得するとプラダが宣言したとき、デ・ソーレは肝を冷やした。グッチよりも会社規模が小さく、買収を狙っての株の売り崩しについては経験がないとプラダは思われていたため、買収合併で規模拡大を考えるグループ企業の先棒をかついでいるのではないかと見るものもいた。だが宣言以来数カ月が過ぎてもいっこうに新しい進展がないのを見たデ・ソーレは、プラダが経済的な圧力をかけようとしているわけではなく、当時三〇億ドルの評価が下されていたグッチを買収するため大手グループと手を組んでいる様子もない、と結論を出した。

トスカーナ人特有の無愛想で気まぐれな性格のパトリツィオ・ベルテッリは、マリオ・プラダの後継者でチーフデザイナーのミウッチャ・プラダと結婚し、わずか一〇年足らずで、知名度が低い半分眠ったような鞄屋だったプラダを、ファッションとアクセサリーをグローバルに製造販売する強力な企業へと生まれ変わらせ、グッチの手強いライバルへと成長させた。ベルテッリが刷新したプラダは、トスカーナ地方の皮革製造の伝統をしっかりと受け継いで事業を拡大させたが、グッチが新しい経営陣のもとで勢力を伸長し、地方の製造業者に対する支配力を強めていくのを歯嚙みしながら見ていた。プラダはビジネスの梃入れをし、ミラノ本社のデザイン部門とフィレンツェから半時間ほどのところにあるテッラノーヴァでの製造部門をともに強化した。グッチとプラダはともに自社専属の供給業者を独占的に抱えるようになり、生産能力確保と偽物の排除につとめていた。ベルテッリは、ライバル視しているグッチが、自分たちの領分を侵害していると感じ、気に入らなかった。感情を暴力的に爆発させる性癖のある彼は、しばしば激情に駆られてとんでもないことをしでかすことで、ファッション業界では有名だった。プラダ専用の場所に違反駐車した車のリアウィンドウを叩き割った逸話は、いまやミラノ中で知らない人がいない「伝説」となっている。別の逸話は新聞にまで書きたてられた。ある日プラダのオフィスが入っているビルの上階からハンドバッグが降ってきて、舗道を歩いていた女性を直撃した。ベルテッリが飛び出して必死に謝った。かっとなってバッグを窓から放り投げてしまったことを彼は女性に詫びたという。

グッチの経営が回復してくるにつれて、ベルテッリはフィレンツェの競争相手に対してあらゆることで難癖をつけた。ドーン・メローのことを威張りくさった女だと斬って捨て、フォードについてはプラダが成功させたスタイルを盗んだと非難した。たしかに黒のナイロンバッグを最初に開発したのはプラダだったが、すぐにグッチを含めて誰も彼もが作り始めたのだ。ベルテッリはLVMHのベルナール・アルノーに心酔しており、企業買収により、ファッションと高級品分野でプラダの勢力をLVMHのように拡大したいと夢見ていた。

「アルノーは金融ロジックで高級ブランド帝国を作り上げた。それならファッション・ブランド産業のロジックで同じことが成し遂げられないはずがない」と彼はいった。ベルテッリはまず最初にグッチに狙いをつけ、株主になることでデ・ソーレを不安に陥れることに意地の悪い喜びをおぼえた。デ・ソーレに電話をかけ、グッチとプラダが互いに出店する際、一等地の入札価格や媒体出稿料で競争することで「相乗効果」を出そうではないか、と提案した。

デ・ソーレはベルテッリの提案をはねつけた。「パトリツィオ、グッチは私の会社ではないんだよ。役員会にはからなくてはならない。一緒にピッツァを作ることはできない」

グッチ陣営はプラダからの攻撃を暗号名「ピッツァ」と名づけて、不快感をやわらげようとした。グッチのある従業員はデ・ソーレに、「ベルテッリ」というリューマチと関節炎の薬を販売している薬品会社の大きな絆創膏を贈った。彼はそれを「元気を出して」と書かれた大きなカードに貼って、「われわれが恐れているのは、このベルテッリだけだ」と書いた。このカードは彼が定期的に訪れるスカンディッチの上級管理職たちのオフィスに飾られた。

グッチの株価は、アジアの金融危機のあおりから秋が終わるまで下がり続け、ついに三五ドル台になった。獲得した株が下がっていくのを不機嫌に見守っていたベルテッリだが、行動を起こそうとはしなかった。一月、アジア経済が上向くという見方が出てきて、経済アナリストたちがグッチの株配当利益が急上昇すると予測したのを機に、一気に五五ドル超まで跳ね上がった。デ・ソーレはそこで、安値買いをする勢力を退けられるだけ充分に株価が上がったとほっと胸をなで下ろした。売り崩しの脅威は去ったように思えたのである。

デ・ソーレ夫妻がやっと枕に頭をつけたところで電話が鳴った。かけてきたのはデ・ソーレのロンドンでのアシスタント、コンスタンス・クラインで、声は緊張していた。「デ・ソーレさん、お休みのところ申し訳ありません。緊急でお知らせしなくてはならないことがありまして」。早口で続けようとした。

「悪いね」とデ・ソーレは自分のほうを見ている妻に謝って、別の部屋で電話を受けることにした。「電話が終わったらすぐに戻るよ」。夫の言葉を信じていない表情で彼女は寝返りを打った。夫の仕事のやり方はよくわかっている。

だがまさか夫が深夜まで戻ってこないとはエレアノーレも思っていなかった。その夜、疲労困憊し、頭に一発食らったような表情で這うように帰宅したデ・ソーレは、グッチで働きだしてから一四年間で、もっとも激しいショックを受けていた。

クラインの電話は、LVMHグループの総帥である五〇歳のベルナール・アルノーが、片腕として信頼を置いているルイ・ヴィトン社長のイヴ・カルセルから、緊急の電話があったことを知らせるものだった。デ・ソーレとカルセルはお互い信頼しあった関係を築いており、よく高級ブランド業界の動向について意見をかわしていた。だが彼から緊急の電話があったと聞いて、デ・ソーレの頭に警戒警報がなった。カルセルが単なるおしゃべりのためにかけてきたわけではないとただちにわかった。

寝室の隣りの部屋でデ・ソーレはカルセルに電話をかけた。いやな予感は的中した。フランス人社長はデ・ソーレに、LVMHがグッチの普通株を五パーセント取得したと告げ、その日の午後にも公式に発表するといった。カルセルはなだめるような口調で、アルノーがここ数年のグッチの業績を高く評価しているからであって、あくまでも「友好的」な意図しかない、「受動的」取得だ、と断言した。

デ・ソーレは電話を切って茫然と立ち尽くした。何カ月間も恐れていた事態がいよいよ現実になろうとしている。LVMHは高級品市場最大のコングロマリットであるばかりでなく、グループ内で一番の稼ぎ頭であるルイ・ヴィトンは、グッチの直接的な最大の競合ブランドである。過去数年間、ルイ・ヴィトンもまたグッチと同じような戦略でビジネスを展開してきた。若く活きのいいアメリカ人デザイナーのマーク・ジェイコブスを起用して、新たに既製服を打ち出し、シャンゼリゼにまばゆいばかりの旗艦店を開いてはなばなしいショーケースにした。

その日の午後、グラフトン通りのオフィスで、デ・ソーレはアルノーの副官といわれるピエール・ゴデと電話で話した。ゴデは非常に優秀なフランス人弁護士で、上品で礼儀正しく、突き通すような鋭い青い目を持つごま塩頭の男性だ。LVMH本社は凱旋門のすぐ近く、オッシュ大通りの静かな一角にあるいくつかのビルに分散しており、その一つのビルから電話しているゴデは、カルセルの言葉を繰り返した。「ですからこれはあくまでも受動的な投資なのですよ」

「ピエール、ちょっと聞きたいのですが、あなたたちは正確に何株取得したのですか?」。たまりかねてデ・ソーレは聞いた。

自分は正確な株数を知らないのだとゴデがきっぱりいった口調から、自分が困った立場に追い込まれたことをデ・ソーレは悟った。「そうか、それならこちらも手を打たないとな」とこれは自分にいった。

デ・ソーレはモルガン・スタンレーに電話し、彼が信頼する銀行家で、昨夏のプラダ問題を委任したジェームズ・マッカーサーを呼び出そうとしたが、彼が一年間長期休暇をとって翌週からオーストラリアに出かけると知った。何か問題が起きると信頼のおける忠実な人物に相談して解決をはかってきたデ・ソーレは、マッカーサーを頼れないと知ってがっかりした。マッカーサーは上司のマイケル・ザウイに電話した。四二歳のフランス人ザウイは、すぐにグッチのオフィスを訪ねた。

デ・ソーレは不安を押し隠そうとしながらザウイを迎えた。ハンサムで洗練された投資銀行家で、血も涙もない企業買収を専門にしているザウイは、デ・ソーレのオフィスのためにトム・フォードが選んだイームズの椅子に腰かけた。ザウイはデ・ソーレに、アルノーについて知っていることを洗いざらい話した。

アルノーは建設業を手広く営む家に生まれ、コンサート・ピアニストを志したこともあったがやめて、官僚や企業管理職を数多く輩出しているフランス最高峰の理工科学校、エコール・ポリテクニークを卒業した。一九八一年、アメリカに渡って父親が営む不動産会社の拡大を手伝った。社会党のフランソワ・ミッテランが大統領に選出されたことが彼のアメリカ行きを促した一要因だが、アルノーはアメリカで、フランスで学んできたのとはちがう、より合理的なビジネス手法を学び、新ビジネスの展開を考えるようになった。一九八四年にフランスに戻ると、家業から一億五〇〇〇万ドルを捻出して、経営が破綻していた国営繊維企業のブサックを買収した。その傘下に珠玉のブランド、クリスチャン・ディオールがあったからだ。それから一〇年足らずのうちに、彼は高級品市場の一流デザイナーブランドをつぎつぎと買い漁《あさ》る。ファッション業界ではジバンシィ、ルイ・ヴィトン、クリスチャン・ラクロワを傘下に収め、ワイン醸造業ではヴーヴ・クリコ、モエ・エ・シャンドン、ドン・ペリニョン、ヘネシーとシャトー・ディケム、香水分野ではゲラン、そして化粧品の大規模量販店のセフォラを買収した。

「ＬＶＭＨは彼が創造し、運営している」とザウイはいった。「彼がボスであることはまちがいない」

だが、創業者の家族を崩壊させ、ライバルに対してメディアを通じて組織的中傷キャンペーンを張り、創業者一族を無理やり追い出してしまうやり方から、フランスのマスコミからは手厳しいあだ名が献上されている。アメリカの強引な戦法を上品なフランスのビジネスに持ち込んだと彼を非難する人は、「ターミネーター」、または「カシミアを着た狼」とあだ名をつけた。手足が長く、グレイの髪、かぎ鼻、薄い唇のアルノーはまた、ベルギーの漫画の主人公で、山型の眉という共通の特徴を持つところから「タンタン」とも呼ばれている。ときには少年のように初々《ういうい》しく見えたり気まぐれだったりすることはあるが、彼のイメージはあくまでも無情であって、やさしさではない。政界からは距離を置いているものの、彼の権力は日々増大し、パリの社交界とビジネス界には彼自身にはもちろん、一九九一年に再婚したカナダ人のコンサート・ピアニスト、エレヌ・メルシエに媚《こ》びへつらう人があとをたたない。メディアで、夫について情け知らずと書かれるのが信じられずとまどう妻は、彼が愛情深く魅力的な夫であり、三人の子どもたちに夜眠る前に本を読み聞かせる時間をできるかぎり確保するやさしい父親であるという。

ザウイは、アルノーの誠実な父親という側面についてはデ・ソーレにいわなかった。「彼は頭が切れて回転が速く、戦術眼があって、チェスの選手のように二〇手先までを読める人です」。ザウイは、アルノーのスタイルは、経営権が握れるまで「株の段階的買い占め」をこっそりと進めていくことだと説明した。グッチについても同じやり方を考えているにちがいないとザウイは確信していた。狙いをつけた企業の経営陣に対しては、買収後も地位を確保すると安心させておきながら、買収が終わると追い出すのがつねだ。ルイ・ヴィトンでは、まず合併したあと、当時社長で最初は仲間であったアンリ・ラカミエと熾烈な争いの末に彼を追い出した。フランソワ・ミッテランは国営テレビの演説で両者を非難し、フランスの証券取引所を調査するよう命じた。クリスチャン・ディオールでも、アルノーは六人の経営幹部を四年の間に順々に首にし、フランス・ファッション業界を根底から揺さぶった。

ザウイは、おおいに注目を集めたもう一つのヨーロッパの企業買収戦争で見せたアルノーの手腕を、間近で観察したことがある。一九九七年、LVMHが相当数の株を保有していたギネスが、英国の飲料食料品のコングロマリットであるグランド・メットとの合併をめぐってアルノーと争った一件だ。当時フランスのメディアは、もしアルノーが合併を阻止することができなかったら、ギネスの持株を七〇億ドル前後で売却して、それを元手に別のブランドを買うだろうと予測していた。

「イタリアの高級ブランドで、LVMHの強力な競合相手となるグッチを買収するには充分な資金だ」とル・モンド紙は書き、当時は根拠がなかった噂が広まった。アルノーは最終的にグランド・メットと契約を結び、両社は合併して巨大飲料グループのディアジオとなって、LVMHが単独で最大の一一パーセントという株を所有したが、のちに保有株数を減らした。

デューティー・フリー・ショッパーズ（DFS）の経営権をめぐる厳しい戦いでも、アルノーはギネスを相手に容赦ない姿勢で戦い、アルノーの情け知らずの征服者というイメージはますます強く印象づけられた。ゴデは、アルノー／ナポレオンにとってのタレーラン＝ペリゴール（一七五四－一八三八。フランスの政治家・外交官）だった。「アルノーがアイデアを練り、ゴデがそれを実行するための弾薬を用意する」と、クリスチャン・ディオールの伝記を書き、いまはベルナール・アルノーについての本を書いているマリ＝フランス・ポクナはいう。

アルノーは一九九四年に一度、投資する価値がない企業だとグッチに見切りをつけていた。当時彼は、一九九〇年にLVMH取得をめぐった戦いで深刻な財務上の危機にあった。

「ほかに優先すべき問題がありました」とゴデはLVMH本社ビルの最上階にある小さな鏡張りの会議室でのインタビューで認めた。「いまでは誰もがグッチはすばらしい会社だと口をそろえていいますが、当時は惨澹たるものでした。再建計画がもし失敗していたら、いまごろどうなっていたかわかりませんね」

傘下にあるブランドを再生することに集中したアルノーは、クリスチャン・ディオール、ジバンシィとルイ・ヴィトンをはじめとするブランドにつぎつぎと新世代の若手で個性的なデザイナーたちを導入し、強力な広告戦略を展開することで注目を集めた。その動きはフランスのファッションとビジネスを土台から再編成した。すべてのブランドの中で、ルイ・ヴィトンが商売上もっとも大きな成功をおさめた。LVMH中でもっとも有力ブランドであるルイ・ヴィトンを武器に、アルノーは他国への進出を開始した。その当時、フランスの高級品産業は、イタリアを単なる製品供給国として見下していたところがあった。だがグッチの復活やプラダのめざましい発展、またジョルジオ・アルマーニをはじめとするイタリア・ブランドの成功を目の当たりにして、イタリアは将来、取得や協力関係が期待できる企業が数多くある潜在市場であるとアルノーはみなすようになった。

「イタリアはわれわれがぜひとも手を組むべき国です」とアルノーのもとで人事部長として活躍するコンチェッタ・ランソーはいった。過去数年間、LVMHが起用した若手の才能あるデザイナーたちは彼女が引き抜いてきており、マウリツィオもかつて彼女を雇おうと試みたことがある。「それはもうはっきりしていますよ。グッチばかりでなく、ヨーロッパの高級品市場で主導的な地位を占めているのはイタリアなのです」。LVMH役員であるブロンドの彼女はイタリア生まれだが、職業人生のほとんどをアメリカとフランスで送ってきた。

アルノーは一九九七年秋、誰もが予想したときにはグッチに触手を伸ばさなかった。ギネスとグランド・メットとの戦いに忙殺されていたのと、あらたに取得したばかりのDFSが、アジアの金融危機に打撃を受けて経営不振に陥っていたためである。

アジア市場が一九九八年にゆっくりと着実に復興しはじめると、アルノーはついにグッチに目を向けた。一九九八年、LVMHのパリの住所を所在地にしているある企業がひそかにグッチの株を買いはじめ、三〇〇万株近くまで増やした。

「この会社が欲しいというならくれてやる！」。デ・ソーレは足を踏み鳴らしてザウィの前を行ったり来たりしながら息巻いた。「そしたら私はヨットでセーリングに出るさ。妻はもうすべてに嫌気がさしているんだ。娘たちともっと一緒に長い時間を過ごしたいよ」

デ・ソーレはグッチを引き継いでから、あまりにもとんとん拍子にうまく事が運びすぎていると思っていた。本当にこれが自分の望んだことなのか確信が持てなくなっている。

ザウイはデ・ソーレの目をのぞきこんだ。「ドメニコ」と彼はそこで一息入れた。「これは戦いなんだ。これまで私は何回となくこんな戦いをくぐり抜けてきた。とほうもない決断力が必要とされ、勝てる保証はない。きみは本気で勝ちたいと思っているかい?」

デ・ソーレはもう一脚のイームズの椅子にどさっと座り込み、ザウイと向き合った。選択肢はないとわかっている。逃げ出すわけにはいかないのだ。

「わかった、マイケル。私はどうしたらいい?」。デ・ソーレは両手を広げた。「企業買収をまだ私は経験したことがないが、きっと戦えると思っているよ」

ザウイは紙とペンを要求した。「いいかい、ドメニコ。まずこの会社を防御できる要素はなんだろう?」

デ・ソーレの話を聞くうちに、ザウイは勝ち目があまりにもなさすぎると思えてきた。グッチの最大の勝ち目は、トム・フォードとドメニコ・デ・ソーレ――グッチのもっとも貴重な雇用者の二人――が買収によって経営者が変わったときには、多額の退職金をもらって出て行ける「ゴールデン・パラシュート」という契約を結んでいることだ。モルガン

・スタンレーのグッチ・チームはこの契約条項を「ドムトム（ドメニコートム）爆弾」または「人間毒薬」と名づけた。この契約条項によって、フォードは三五パーセントの株を取得したものが出た時点で、手持ちのストックオプション株を現金化して会社を逃げ出すことができる。フォードはまた、デ・ソーレと行動をともにする権利も持っていて、デ・ソーレが会社を辞めてから一年以内に辞める権利もある。デ・ソーレの条項はもっと自由度が高い。グッチのCEOは、単独の株主が会社の経営権を握るだけの株を所有したとわかった時点で辞められる。

二日後、仮本社四階の会議室でグッチの新たな戦争の火蓋が切られた。デ・ソーレは少人数からなるグッチの経営陣を召集した。これから何週間、何カ月間にもわたる戦いで、彼らがデ・ソーレの部隊となる。一人はデ・ソーレの古くからの友人で法律顧問であるアラン・タトルで、ロドルフォが一六年前にヴェネチアで自分のコートをあげた男である。デ・ソーレはタトルをパットン＆ボッグスというワシントンDCの法律事務所から引き抜いて、フルタイムでグッチのために仕事をしてもらっていた。もう一人が財務部長のボブ・シンガーだ。グッチ株の新規公募のときに、デ・ソーレは彼とともに証券会社への募集キャンペーンに回った。インヴェストコープの社員としてデ・ソーレを支えてきたリック・スワンソンもいた。タトル、シンガーとスワンソンほか数名のメンバーは有能なその道のプロであるばかりでなく、忠実な兵士でもあった。デ・ソーレは彼らを頼りにできるとわかっていた。ザウイは不安げなグッチの経営陣を前に、グッチ側には選択肢はほとんどないとまず切り出した。アルノーと交渉するか、合併を阻止することができる白馬の騎士《ホワイト・ナイト》を見つけるかどちらかだ。

デ・ソーレと経営陣、法律家、銀行家からなる少数精鋭部隊は、驚くべき決断力と防衛力でアルノーに立ち向かい、グッチの経営権をめぐる戦いは、世界中のファッション界とビジネス界の目を釘付けにした。

グッチとアルノーの対決は、当時ヨーロッパ中を席巻していた企業統廃合のうねりの中での企業買収の一つに過ぎなかったし、しかも規模としては小さかったが、一つの新境地を開くものだった。グッチはフィレンツェの家族経営の小さなハンドバッグ店から、業界でもっとも恐れられ尊敬もされている乗っ取り王の食欲を刺激するほど、グローバルなファッション企業へと成長を遂げた。一九九八年、グッチの売上高は一〇億ドルを突破した。何千万ドルの損失を計上した年から五年もたたないうちに、だ。

一月六日水曜日、デ・ソーレがかねてより危惧していたとおり、アルノーはグッチ買収に乗り出し、世界でもっとも成功している高級品グループを率いる彼のリーダーシップのもとに下るよう戦いを挑んできた。デ・ソーレは、家族とともにもっと長い時間を過ごしたい、所有するヨットでセーリングに出たい、と一瞬だが本気で引退を考えた。だがわずか数時間でアルノーの出方を見極めたデ・ソーレは、たちまち集中力を取り戻した。「もう少しで引退するところだったんだ」。デ・ソーレは認めた。「だが追い出されるのはまっぴらごめんだ。戦いを挑まれているというのに、戦わずして負けるわけにはいかない」。そして彼は戦った。

デ・ソーレはグッチの戦いのすべてに生き残ってきた。その過程で彼には敵もできたし、中傷誹謗《ひぼう》の類《たぐい》もあった。無慈悲で金で動く人間だといわれ、自己保身に熱心で、自分の利益を会社のそれと一致させることで一見無私無欲を装っている、とまで非難された。そもそもデ・ソーレ自身が、グッチの歴史にもまれる中でもっとも大きく変わった。卑屈で不器用で服装の趣味がなっていない一軍曹から、堂々と自分の意見を述べるCEOにふさわしい人物となった。〈フォーブス〉誌は、髭をきれいに刈り込んだ冷徹な視線のデ・ソーレの写真を一九九九年二月の世界共通版の表紙に掲載し、「ブランド建設者」と題名をつけた。

デ・ソーレはロドルフォのアルドに対する戦い、アルドのパオロに対する戦い、マウリツィオのアルドと従兄たちに対する戦いを現場で経験してきた。インヴェストコープのマウリツィオに対する戦いでは決定的な役割を演じた。重労働をこなしているのに仕事が認められない日陰の身分に甘んじていた年月のあと、インヴェストコープがついに褒美《ほうび》を手渡した。いまアルノーの挑戦を退ける戦いで、LVMHが自分の縄張りを没収しようとするのを食い止めるために、彼が武器にできるのは法律の知識しかない。彼は舌なめずりをせんばかりに闘志を燃やした。「あいつは電話でこちらの都合も聞かずに、いきなりディナーに呼びつけたんだ」とデ・ソーレは憤慨した。

ザウイと法律家チームがグッチの法人定款を充分に検討した結果、定款は乗っ取りを容易にする内容であることが判明した。インヴェストコープが一九九五年にグッチをうまく売り抜く方法を求めていたとき、グッチ売却には乗っ取りが手っ取り早いと考えたからだ。だがその条項がグッチにとって侵略の間口を広げることになってしまった。

一九九六年に、デ・ソーレはプロジェクト・チームを結成し、考えられる侵略者をあらゆる方向から閉め出す方法を検討した。グッチ担当の銀行家と弁護士たちはさまざまな布石を打とうとした。株主の再編成を防ぐ方法、レブロンを含む企業との一部または全面的合併についてなどが検討されたが、有効な手はほとんど打てなかった。一九九七年に株の取得は単独で二〇パーセントまでを限度とするという提案を株主から否決されると、あとはなす術がなくなった。手持ちの駒はなくなった。

「ただ座って、乗っ取られるのを待っているだけになっていたんだ」とトム・フォードは思い出す。「フラストレーションがたまるったらなかったよ」

一九九八年夏、プラダがグッチ株を購入したあとに、デ・ソーレとフォードはLBO式企業買収（買収先の企業の資産を担保に借金し、少ない自己資金で買収する方法）の王といわれるヘンリー・クラヴィスに会って、自分たちが会社を買ってしまうにはどうしたらいいのか教えを乞うことまでやった。だがすぐに、LBO方式はあまりにも高くつき、リスクも大きいことに気づいた。たぶん戦略的目的で入札する買い手との間に価格競争の火がつき、市場での趨勢《すうせい》よりもはるかに高い金額を支払わされることになるだろう。

グッチのメンズウェアのショーが一月に開かれ、トム・フォードは「サイコ」というテーマで、白塗りに真っ赤な口紅をひいた男性モデルたちに尖《とが》った歯をつけてドラキュラの扮装をさせた。アルノーに「手を引け！」と伝えたかったのだ。翌日ザウイは、LVMHを担当しているロンドンの銀行家の一人に電話をかけた。「これは公式な伝言だよ。いますぐ手を引け！」

誰もが驚いたことに、一月一二日にミラノで開かれたジョルジオ・アルマーニのメンズウェアのショーにアルノーが姿をあらわした。大勢のジャーナリストやパパラッチが殺到したが、それは一瞬にせよ、スターたちの存在がかすみ、ビジネスマンがスターとなって注目を集めるという、ファッションと高級ブランド業界で起きている劇的な変化を象徴する出来事だった。そのときアルノーとアルマーニが話をしたことは業界中を仰天させたが、これでますます最大の獲物にさえも食いつこうとする強く白い鮫というアルノーのイメージが固まった。両者は最終的に何も合意にいたらなかった。その前にフォード、デ・ソーレとジョルジオ・アルマーニの間で交わされた話し合いはほとんど誰にも気づかれていなかったが、三者の話し合いによっても決定的な手は打てなかった。アパレルとアクセサリー分野で同じくらい強力な、アルマーニとグッチという二つの会社を一つにまとめて、ファッション分野に巨大な一社を作ろうというアイデアは立ち消えになった。

ショーが終わった翌週から、ファッション界とビジネス界は、アルノーが民間機関投資家と公開市場で先を争ってグッチ株を大量に買い占め、めざましい勢いで乗っ取りを進めていくのを恐れおののきながら見つめていた。ベルテッリは、プラダが持っていた九・五パーセントの株を、アルノーに総計一億四〇〇〇万ドルで大喜びで売り渡し、取引は「喜ばしい利益を上げげた」といった。プラダの社長のやり方はほかの同業者の目には天才的と映った。

それから九カ月間、ベルテッリはイタリアの高級ブランド産業の第一人者になるという夢の礎を固めつづけた。ドイツのデザイナーで高品質のミニマリスト・スタイルで知られるジル・サンダーの株を買って経営権を取得し、オーストリアのデザイナー、ヘルムート

・ラングも買った。一九九九年秋、LVMHの力を借りてローマに本社を置くアクセサリー関連の会社、フェンディを、グッチと激しい入札競争の末に鼻先からかすめとるように買うことに成功し、グッチをかんかんに怒らせた。高級品ビジネスは、もはや単に品質、スタイル、接客や店のレベルが問われるのではなく、どこまで株価が上げられるかという企業間の過酷な戦いに勝利できるかどうかが成功の決め手になった。

一九九九年一月の終わり、アルノーは推定一四億四〇〇〇万ドルで、グッチの株三四・四パーセントという、グッチ側にとっては冷や汗が出るようなシェアを獲得した。LVMHが行動を起こすと宣言したときから三週間、グッチの株価は三〇パーセント急上昇し、一方国際的なマスコミはあらゆる動きに目を光らせていた。それまで企業間の戦いを数多く見てきた〈ニューヨーク・タイムズ〉紙さえも、その出来事を「いつかファッション産業を立ちすくませることになる、もっとも深い楔《くさび》が打ち込まれた」と書いた。

アルノーは自分のあざとい攻撃の印象が少しでもやわらかく受け取られるよう、裏側で工作した。デ・ソーレに買い付けを知らせたイヴ・カルセルだけでなく、デ・ソーレのハーバード時代からの古い友人で、ニューヨークの法律事務所のパリ在住の弁護士で、LVMHの担当でもあるビル・マクガーンにも話をさせた。マクガーンから何回となく話を聞いて、ゴデは友好的に取引を進めることも可能だと自信を持った。

その間にもデ・ソーレは、パートナーとなってLVMHの乗っ取りを防いでくれる会社を見つけようと、九社と話し合った。だが、LVMHの経営下になる可能性が高いグッチに手を差し伸べて、買い手になってくれそうな会社は一社もなかった。それ以上にパートナー候補の会社とデ・ソーレが期待を込めて交渉しようとするたび、アルノーが株を大幅に買い進めた。

「巨人ゴリアテと戦うダビデのようなものだよ」。デ・ソーレはベルテッリに高笑いされたくない一心で悪戦苦闘を続ける中で、ふと疲れて投げやりになったこともある。アルノーはほくそえんだ。ガラス張りの簡素なパリの本社で、彼はデ・ソーレの動きを逐一把握していた。「彼とそりが合わない社内の人間が私たちに行動を知らせてくるんだよ」。そういって笑みを浮かべた。

夜になるとデ・ソーレは妻のエレアノーレと問題を話し合った。エレアノーレはIBMで管理職として働いていた経験からビジネスの世界はよくわかっていたが、高い道徳意識はずっと保ち続けていた。妻は夫に、デ・ソーレにとって「最高」であることをするのではなく、グッチにとって「正しい」ことをするようにと強く勧めた。

いやいやながらデ・ソーレはアルノーに会うことに同意したものの、どうしても友好的な気分にはならなかった。両者は会う時間と場所をめぐって一週間近くもめた。アルノーは食事をしながら個人的な話をしようと進めたが、デ・ソーレはあくまでもビジネスとして話し合うことを求めた。

「ランチでもしようといったんだよ」。アルノーはのちに皮肉っぽくいった。「そしたらモルガン・スタンレーで会いましょうときたからね」

結局モルガン・スタンレーのパリのオフィスで一月二二日に会った二人は、練習してきたとおりの役を演じるだけで、はじめての話し合いは堅苦しく型にはまったものに終わった。二人のCEOは互いを観察しあうために時間を使った。アルノーはフランスで教育を受けた輝かしい乗っ取り王。デ・ソーレはローマ生まれでハーバードで教育を受けた、決断力のある人物。

「二人は対照的でした」と話し合いに立ち会ったザウイはいう。「アルノーは堅苦しく居心地が悪そうでした。デ・ソーレは自然体で率直でよく話しましたね」

アルノーはデ・ソーレとフォードを惜しみなく賞賛し、グッチに対する関心にはけっして敵意はないといった。デ・ソーレに、LVMH傘下に入ればグッチにはきっと恩恵が多いからよく考えるよう、また経営会議に出席する役員ポストを自分に与えるよう迫った。

LVMHの幹部がもしグッチの経営会議に送り込まれたら、販売、マーケティング、流通データから、買収を考えている会社や新しい戦略まで、機密情報を自由に手に入れられてしまう、とデ・ソーレは一気に不安になった。彼はアルノーにグッチ株の購入を止めるか、会社を丸ごと買う指し値をしてくれと頼んだ。

デ・ソーレが恐れているのは、アルノーが会社の経営を効果的に支配できるまでグッチ株を買って、株主全員に株価の一〇〇パーセント分を公平に配当しないのではないかということだった。ニューヨーク証券取引所には、相当数の株を買い集めた時点で、入札者が株主全員に満額の指し値をつけなくてはならない、という規定がない。株式公開買い付けと呼ばれる企業の買収手段のひとつで、経営権を支配するために、株式の買い取り希望者が買い付け期間、株数、価格を公表して、不特定多数の株主から買い取る方法である。規定がないにもかかわらず、アメリカで上場しているほとんどの企業が、すでに会社定款で乗っ取りに対抗するための規定を設けていた。グッチが上場しているアムステルダム証券取引所でも、アメリカと同じく買収を防ぐための特別の規定はなかった。ヨーロッパのほかの株式市場、英国、ドイツ、フランスとイタリアでは反乗っ取りの法律が制定され、ある一定の水準にまで株が買い占められると、株式公開買い付けが必要となる決まりになっていた。グッチはあいまいな立場に置かれていた。会社の定款には乗っ取りを防ぐための規定は定められていない。導入しようとする試みは株主たちから却下された。その上、上場している二つの証券取引所には乗っ取りを規制するための特別な法律は導入されておらず、企業自身が自分で身を守るしかない。

デ・ソーレはアルノーにそれ以上の買い付けを進めないよう働きかけた。「最初は二人も友好的だったんです」。ザウィは当時を思い出す。「デ・ソーレは次回の話し合いのとき、アルノーの奥さんにグッチのハンドバッグを持ってきました」。そしてグッチの経営会議に出席する役員ポストを二つ用意するから、現状の三四・四パーセントから二〇パーセントまで持ち株比率を下げてほしいと頼んだ。だが三回目の話し合いでアルノーはその提案を退け、こちらのいうことを聞かなければデ・ソーレとグッチの役員たちを個人的に告訴すると脅した。両者のいらだちはつのった。二月一〇日、アルノーはグッチに、株主の権利として経営会議に出席する役員ポストをLVMHに与える特別株主会議を開くことを求める手紙を送った。

「この提案は歓迎されると確信していましたよ」とゴデはのちにいった。LVMHとはかかわりのない外部の候補者を推薦し、ポストも三つではなく一つしか要求しなかったからだ。「誠意を示したつもりだったんです」

だが、アルノー自身の知らないところでひそかに進められていた工作が発覚して、デ・ソーレの腸《はらわた》は煮えくり返った。LVMHの役員がグッチの機関株主の一人に、会社の経営権を掌握するために、経営会議に「目となり耳となる」人間を送り込みたいと話したことが耳に入ったからだ。デ・ソーレは鶏の群れの中に狼を入れるようなことはしなかった。「LVMHはグッチに満額の公正な指し値をするつもりはまったくないと確信したよ」とデ・ソーレはいった。

二月一四日日曜日、グッチの役員と銀行家は本社の会議室で力をふるい起こした。プラダが最初にグッチ株を購入して以来、ニューヨークで企業の買収戦争を得意とする法律事務所のロンドン事務所で働く、非常に精力的で有能なスコット・シンプソンという弁護士が、一見無謀でリスクは高いが、もしかすると有効な防衛策を検討していた。彼が考えた防衛策とは、オランダの裁判所で審議される恐れがなく、ニューヨーク証券取引所規定の抜け穴をくぐりぬけるものだ。それは従業員自社株保有制度（自社株を企業拠出で買い付け、従業員へ配分する税制優遇自社株配分制度）を利用して、グッチ株を従業員向けに大々的に発行し、アルノーの所有パーセンテージを下げてしまおうという案だった。デ・ソーレはこの防衛策を切り札としてふところにしまい、株をこれ以上買い進めないことに同意する文書を取り付けるか、もしくは公正な満額で会社を買い取るかどちらかにするよう、ぎりぎりの段階までアルノー側と交渉を続けた。アルノーの答えは、二月一七日グッチにファックスで届き、株買い付け停止を求める「正当な根拠」をLVMHの役員会に提示するよう求めた。最初は渋々戦っていたデ・ソーレだったが、このファックスを見て決然と戦いを挑む戦士となった。

「停止を求める正当な根拠だと？　根拠っていったいどういうつもりだ！」。デ・ソーレは怒鳴った。「今晩、はっきりと根拠を教えてやるよ」

翌朝二月一八日、グッチは従業員自社株保有制度を利用して、普通株で三七〇〇万株を従業員向けに発行したと発表した。この新株発行により、アルノーの持ち株比率は二五・六パーセントまで下がり、発言権も奪った。デ・ソーレ側がまず戦いの火蓋を切ったわけだ。

「彼はしだいにこのゲームを楽しむようになった」とザウイはいう。「ぜったいに勝つんだと意欲的になりましたね」

従業員自社株発行の知らせを聞いたとき、アルノーもゴデも正確にそれがどんなものなのかよくわからなかった。ゴデは机上のロイターの画面をスクロールして驚愕のニュースを読み直した。アルノーはニューヨークのホテルで知らせを受けた。すぐさまゴデに詳しく報告するようにと伝え、ゴデは上司にも、コメントを求めて殺到した記者たちにも、この制度を使うのはニューヨーク証券取引所のあきらかな規定違反だといった。グッチ買収を進める前に、アルノーはLVMHのニューヨークの弁護士たちに、いかなる企業もニューヨーク証券取引所に資本の二〇パーセント以上を超えてあらたな株券を発行することはできないという規定があることを確認していた。証券取引所の役員に大急ぎで電話をかけたLVMHは、グッチの弁護士たちがすでに調べ上げていたことをようやく知った。新株発行を拒否する権利は海外企業には適用されず、それぞれの国の法律に従うことになっている、というのだ。グッチはアムステルダムに本社を置いていることになっており、オランダの法律には新株発行について規制する法律はない。

「そういう恐ろしい手段を取ったことに正直たいへん驚きましたね」とゴデはのちに認めた。「実体のない、誰も所有していない株が突然登場し、しかも資金を出したのは当の会社なんですよ。われわれが所有している株数と同じ株数だといっても、そこにはなんの関連もない」

LVMHは、従業員自社株発行は違反だと証券取引委員会にグッチを訴えたところで、トム・フォードとドメニコ・デ・ソーレが、経営権が変わったときにはばく大な退職金を受け取って会社を辞めてもいいという条項があると知り、またもや衝撃を受けた。そのときまでにデ・ソーレとフォードのチームは、グッチでもっとも価値のある資産だと考えられるようになっていた。二人が去ると、グッチは買収するだけの魅力ある企業ではなくなってしまう。グッチはLVMHにこの条項があることをずっと以前に知らせておいたのだが、LVMH側はグッチの「ドリームチーム」が、ストックオプションを売り払った数百万ドルを持って会社を去る権利があるなど聞いていなかった、と苦情をいった。

　今度はアルノーが反撃した。グッチの従業員持ち株発行を阻止するよう訴え、汚い手を使ったグッチの経営陣を告訴した。LVMHは公に、LVMHがグッチに送り込んだ役員は利害が抵触するというデ・ソーレの主張は、単に会社を自分のものにしておきたい口実にすぎないと告発した。一週間後、アムステルダム裁判所はLVMHが所有するグッチ株と、グッチの増資分の株式とを凍結した。またもやグッチの将来は裁判所の手に委《ゆだ》ねられることになり、株が凍結され、経営も裁判所の管轄下に置かれた。オランダの裁判長は両者に誠意を持って調停するようにと命じたが、両陣営とも怒りと困惑をつのらせるばかりだった。デ・ソーレは、アメリカ人弁護士でアルノーの助言者であるジェームズ・リーバーに対し、自分をフランスの新聞にファシストと書かせたことを非難し、もうアルノーのいうことは何も信じないと啖呵《たんか》を切った。

「個人の感情がぶつかりあうようになってしまいました」とザウイはいう。

　緊張が高まった。デ・ソーレはグッチのグラフトン通りのオフィスに隠しマイクが仕込まれていないか調べて回った。トム・フォードは彼とバックレーのアパートの前に停められている車で男が眠っているのを見つけ、きっとアルノーが自分をスパイするために雇った、ニューヨークの調査会社から派遣された私立探偵にちがいないと信じた。まるで犯罪映画のような展開だ。

怯むということを知らないアルノーは、トム・フォードに甘いメッセージを送って彼を懐柔し、デ・ソーレと彼の間に楔を打ち込んで、自分側に取り込もうとする作戦に出た。デ・ソーレが契約条項にあるように経営権が変わって会社を出ていくとしても、アルノーは彼の代わりの経営者を見つけることができるが、フォードが出ていくとなるとグッチのイメージそのものが失われてしまう。

「ビジネスマンは大勢いるが、デザイナーとなるとほとんどいない」。LVMHの役員はジャーナリストたちを集めた会議の席上、辛辣にもそういった。

またアルノーは、フォードの友人のフランス人ジャーナリストを彼のもとに送って、ミラノで彼をディナーに招待させた。フォードは食事の途中で、彼女が本当はアルノーの代理で来ていて、食事が終わったらアルノーをその席に呼ぶつもりだと気づいて席を立った。「アルノーはあらゆるツテをたどってぼくに近づこうとしたけれど、直接連絡するという正攻法はとらなかった」。フォードはついに数週間後、ロンドンの最高級クラブでアルノーとランチをともにすることを承諾した。ところが約束の日、〈フィナンシャル・タイムズ〉の紙面に極秘のはずの会合がすっぱ抜かれた。記事には、フォードがストックオプションで二〇〇〇万のグッチ株を持っており、当時の株価で換算すると八億ドルもの資産になることも報じていた。フォードはすぐさまLVMHがリークしたと非難し、ランチをキャンセルした。フォードをデ・ソーレから切り離す作戦は、かえって二人の男を密接に結び付ける結果となった。

従業員自社株保有制度のおかげでグッチは時間稼ぎができたものの、会社が買収の脅威にさらされていることには変わりなく、会社の行方はオランダの法廷に委ねられていた。グッチはまだ白馬の騎士が必要としていた。

ドメニコ・デ・ソーレは、フランス屈指の大富豪であるフランソワ・ピノーを知らなかった。〈フォーブス〉誌は一九九八年六月、ピノーを世界で三五番目の富豪に挙げ、推定六六億ドルの純資産を有していると報じた。ノルマンディ生まれの六二歳のピノーは、家族経営の小さな製材所を、食料品以外を扱うヨーロッパ最大の小売業グループ、ピノー・プランタン・ルドゥート株式会社（以下PPR）へと発展させ、フランス中で知らないものがないほどの有名企業にした。持株会社には、プランタン・デパート、電子機器の小売販売店FNAC、通信カタログ販売会社ルドゥートなどがある。フランス国外で有名なのは、オークション・ハウスのクリスティーズ、靴のコンバースと鞄のサムソナイトだ。モルガン・スタンレーの銀行家と雑談をしていたとき、グッチの話が出てきてピノーは耳をそばだてた。彼はいつか高級品ビジネスに参入したいと考えていた。そこでニューヨークに出張したとき、当時はまだアルド・グッチ時代の黒っぽい大理石とガラスのドアだった五番街のグッチ店に立ち寄って、ドメニコ・デ・ソーレに面会を申し込んだ。二人は三月八日に、ロンドンのメイフェアにあるモルガン・スタンレーのタウンハウスで会った。デ・ソーレはそこで、彼とトム・フォードが過去五年間にいかにして売上高を二億ドルから一〇億ドルまで伸ばしたかについて演説した。白馬の騎士を求めて何回となく繰り返してきた演説は、いまや完成の域に達するほど流暢だ。彼もフォードも、一〇億ドルは到達点ではなく二〇億ドルに伸ばすための通過点に過ぎないと考えている、とデ・ソーレはいい、ピノーに、自分たちの夢はグッチを数多くのブランドを抱える企業に育てることだ、といった。それこそまさにピノーが聞きたかった言葉だ。

「私は築き上げていくのが好きなんですよ」。にこやかに笑みを絶やさないピノーは、木材を売っていたころと変わらない素朴さで頷いた。「グローバルなグループを作り上げるチャンスですね」

ピノーは高校をドロップアウトしたのち、フランスの伝統的な成功のシンボルであるワイン醸造所やメディアをつぎつぎと傘下におさめた。そして政界での人脈を獲得した。彼はジャック・シラク仏大統領の親しい友人だ。いま彼はアルノーの縄張りに堂々と入っていきたいと思っていて、グッチがそのチャンスを与えてくれるかもしれない、と期待した。「このビジネスにはPPRとグッチの両方が入れるだけの広さがあります」。ピノーはいった。「グッチは首に縄を巻かれ、結び目はきつく締め上げられて、降参するまでの秒読みが始まっていました。LVMHの一部門になるのは時間の問題でしたね」

三月一二日、ピノーはデ・ソーレとフォードをパリ六区にある自宅に招待し、PPRのCEO、セルジュ・ワインバーグと最高顧問のパトリシア・バルビゼーも呼んだ。マーク・ロスコ、ジャクソン・ポロックやアンディ・ウォーホルの絵画、ヘンリー・ムーアとパブロ・ピカソの彫刻といったモダンアートの目を見張るコレクションが飾られた贅沢なピノーのマンションで、デ・ソーレたちは焼き魚に舌鼓《したつづみ》を打った。デ・ソーレとフォードはピノーの率直で開けっぴろげな態度に気持ちがなごんだ。本音を隠した物言いとけっして肝心な点を話さないアルノーとは大ちがいだ。

「ぼくは彼の目が気に入った。すぐに共感できたよ」。フォードはピノーが人の話を感嘆しながら聞く姿勢や、威厳を失うことなく自分の片腕であるPPRの役員たちの意見を尊重する態度をじっと観察した。「ときには彼のまちがいを指摘する部下さえいた」

「個人レベルで即座に意気投合しました」とワインバーグもいった。長身で澄んだ目のPPRのCEOは、一〇年近く前に将来性のある政府の公共事業の一つをやめて、買収してきた数々の会社をうまく融合させる仕事を手伝った。

「われわれは全員が同じ言葉で話している感じがしました」とワインバーグがいった。

「資格どうこうではなく、人間性で通じるものがあったのです」

お互いに好印象を抱いたことで、両者ともこれまで経験したことがなかったほどすばやく、だがむずかしい交渉を進めた。時間がなかった。ピノーは締め切りを設定した。三月一九日。オランダの裁判所が命じた、グッチとLVMHの交渉が再開される日だ。グッチとPPRの提携は一週間以内に契約を成立させなかったら、ご破算ということになる。

一九日の夜までに、両者の弁護士と投資銀行家たちは、グッチとPPRの提携を急ピッチで進めた。極秘の交渉をするときの慣例として、暗号が使われた。「ゴールド」がグッチの意味で、「プラチナ」がピノー、「ブラック」がアルノーだ。

ミロメズニル通りにある目立たない小さなビジネスホテルが彼らの会合場所となり、ルームサービスもコーヒーショップもないそのホテルの裏口から、上級管理職たちがこっそり出入りした。デ・ソーレはピノーが手を引くことを恐れて、会社買い取り価格と経営権において大幅な譲歩をした。だが懸念《けねん》に反して、ピノーは別のカードを出してきた。彼はロンドンのドーチェスター・ホテルにデ・ソーレとフォードを呼んで、内輪の会合を開いた。その席で、デ・ソーレとフォードが同意するなら、イヴ・サンローラン（YSL）のデザインハウスと香水を所有しているサノフィ・ボーテを買収して、グッチに経営を任せたいと考えていると切り出した。アルノーは高すぎるという理由で、クリスマス前にサノフィ購入を断っていた。

「もちろん、やりたいですよ！」。いったい何が起こっているんだ？　という顔をしているデ・ソーレのかたわらで、フォードは高らかに宣言した。「ぜひともやりたいです。YSLは世界一のブランドです」

フォードは、とくに七〇年代以降のイヴ・サンローランの作品にずっと憧れていて、セクシーでマニッシュなスーツやタキシード・ルック、ボヘミアンな雰囲気はサンローランからヒントを得ていた。フォードとデ・ソーレの魔力を持つチームがYSLの仕事をすると考えただけで、その部屋の全員が興奮をおぼえた。

グッチはLVMHの貪欲な牙をかろうじてかわし、一週間のうちに七五億ドルの評価額で取引を成立させ、三〇億ドルを銀行に預けて、高級ブランドを複数抱えるグループ企業を築くための第一歩を踏み出すことになった。

三月一九日の朝、カメラのフラッシュが光る中、誰もが思ってもみなかったピノーとグッチの提携が発表された。フランソワ・ピノーは三〇億ドル、持ち株比率四〇パーセントをグッチに投資する（のちに四二パーセントまで引き上げられた）ことに同意し、加えて一〇億ドルで買収したばかりのサノフィをグッチの傘下に入れると述べた。契約でグッチの株価は七五ドルと見積《みつも》られ――最近一〇日間の平均価格を一三パーセント上回る――三九〇〇〇万ドルの新株発行をグッチに命じた。この取引によってアルノーの持ち株比率は三四・四パーセントから二一パーセントへと下がり、発言権を失わせた。

グッチは経営会議の定数を八人から九人に増員し、ピノー側に四人の役員と、将来の買収企業を査定するための新しい戦略委員会五席のうち三席を渡すことに同意した。デ・ソーレとフォードはあらたにパートナーを見つけられたことで、「夢がかなった」と大喜びだった。アルノーには役員ポストを渡すことを拒否したのに、ピノーに喜んで渡したことについて記者たちに聞かれると、PPRが直接的な競合企業体ではなく、グッチは今後高級ブランド市場に新たな戦略を展開する予定で、そのためにはどこかの企業の一部門になるのではなく、より規模の大きな、たとえばLVMHのようなグループに成長することをめざしているのだといった。ピノーもまた条件のすべてを承諾し、四二パーセント以上株を買い足さないという同意書に署名した。

グッチとPPRの提携がニュースで流れたとき、アルノーはユーロ・ディズニーランドでLVMHの管理職にスピーチをしていてパリにはいなかった。その後の予定をキャンセルし、ニュースを知ってから一時間もたたないうちにパリに戻った。ゴデとリーバーは午後一時にグッチの相談役であるアラン・タトルとホテル・クラスナポルスキーで会う約束があったが、その直前にアムステルダムのアムステル・ホテルでの提携を知った。

「どうすればいいんだ?」。途方に暮れたリーバーがゴデに聞いた。

「とにかく約束は守ろう」。歯噛みしながらゴデはいった。

タトルとゴデとリーバーが上階の会議室で会ったとき、グッチの役員は慇懃《いんぎん》に、ピノーとの取引についてこれ以上詳しい情報を差し上げるわけにはいかないと断り、LVMH側をますます怒らせた。

「話し合いを成功させるためには三つのことが必要です。礼儀正しさ、透明性と誠意ですよ」。ゴデは厳しい口調でいった。「今朝、あなたがたからその三つとも示されないのは残念です」。吐き捨てるようにいうと、踵を返して出ていった。その日の午後早い時間に、二人とアルノーはLVMHの最上階にある会議室に集まった。昨日、パリで開かれたLVMHの分析会議で、アルノーはグッチを丸ごと買い取るつもりはないと強調したところだ。PPRとの提携が決定したいまとなっては、アルノーには二つの選択肢が残されている。敵の経営陣に支配されている会社で、少数派で発言権のない株主のままとどまっているか、グッチを丸ごと買いとってしまうか、である。その午後、アルノーはグッチ株に八一ドルという価格をつけ、会社を八〇億ドル以上で買い取ると宣言した。六年前にグッチが倒産寸前にまで追い込まれていたことを考えると、破格の評価額である。

デ・ソーレは、パリのホテルの会議室でPPRとの契約について記者に説明しているときそのニュースを聞いた。彼はインタビューを切り上げ、怒鳴り始めた。「もうこっちは話が終わっているんだぞ！　いい加減にしてくれ！」。アルノーはこの段階にいたって、デ・ソーレがずっと頼み続けてきたことを実行するといってきたのだ。グッチを会社丸ごと買い上げるための指し値をいまになってやるという。

アルノーの買い取り申し出はどうにもならなかった。グッチがＰＰＲとの提携を破棄することが買い取りの条件だ。だがすでにグッチ側は銀行間の振り込みも終わり、ＰＰＲとの契約を揺るぎないものにして手を打ってあった。アルノーはすぐ指し値を上げてきた。一株八五ドル、ある情報によれば九一ドルまで上げ、グッチ株一〇〇パーセントのＴＯＢ（株式公開買い付け）を仕掛けてきたのである。これでグッチはほぼ九〇億ドルの評価を下されたことになる。グッチの役員会の役員たちは検討し、無条件での買い取りという要求を満たしていないことをたてにこの申し出を拒否した。アルノーはピノーとの取引を阻止するつぎの告訴に踏み切った。五月二七日、アムステルダム商事裁判所の五人の判事たちは、グッチのＰＰＲとの提携を支持した。裁判所は従業員自社株保有制度を利用した新株発行による増資は無効であるとしたものの、前例のない手段に訴えて白馬の騎士を見つける時間を稼げたことで、グッチは当面の目的を果たしたことになる。デ・ソーレはすぐにロサンゼルスで授賞式に臨んでいたトム・フォードに電話をかけて、この朗報を伝えた。そしてスタッフにパーティーを開くよう指示した。その夜、疲労しながらも喜びと安堵感に満たされたグッチ・チームは、アムステルダムの運河に浮かぶ遊覧船で、LVMHが所有していない酒造のシャンパンで祝杯をあげた。

屈辱的敗北を喫したアルノーとゴデは、オッシュ大通りのオフィスでどこかでまちがったのだと認めざるをえなかった。一般常識から考えれば、アルノーはひそかにグッチ株を売るところだったろうが、長い目で見ればきっといつか道は開けると信じて、彼は頑として売るのを拒否した。

「このままグッチの株主でいますよ」。ゴデはそのとき語った。「ほかの人たちがわれわれのために働いている様子を黙っておとなしく眺めているなど、われわれにとってそうしょっちゅう経験することではありませんからね。でももし発表されたとおり事がうまく運んでいないとわかったら、第一線に復帰しますよ」。にやりと笑って、LVMHが利益を守るためにいつでも攻撃を仕掛ける準備があるのだということを匂わせた。実際二〇〇〇年半ば、LVMHはまだグッチ株を放出していない。

一九九九年七月に定例株主総会が開かれ、いつもなら形式的に取締役の承認決議がとられて問題なく承認されるのだが、このときはLVMHが反対を表明した。だがそれでも例年どおり承認され、ドメニコ・デ・ソーレにとってのLVMHとの戦いはこれでやっと終了した。

「独立した株主はわれわれに賛成票を投じてくれた」とデ・ソーレはいった。「私にとってそれが終戦だった。アルノーは自分が宇宙の支配者だと思っているが、彼は負けたんだよ」

その間もゴデが宣言したとおり、LVMHはデ・ソーレを執拗に悩ませ続けた。まずPPRとの提携に異を唱え、つぎにサノフィ・ボーテを買収してイヴ・サンローランを獲得する計画は違法であると訴えた。アルノーはグッチ／PPRの合併が締結された方法に技術的な問題があるとし、合併で支払うべき三〇〇〇万ドルの法人税が脱税されていると指摘した。グッチはこの訴えに対し、その税金は支払わねばならないものではなく、合併過程において株主の金を節約するためだったと弁護士から説明させた。そして肩をすくめて、仮に支払わねばならないとされても、三〇億ドルの取引が成立したことを考えると、三〇〇〇万ドルなど微々たる金だと申し立てをやり過ごした。なおもアルノーは主張を続けた。彼はデ・ソーレの一挙手一投足を見張っていた。アルノーはまた、サノフィ・ボーテ買収に六〇億フラン（約一〇億ドル）は不当に高すぎると考えていると公に訴えた。第二の大株主として、彼はサノフィの買収がグッチの株主の利益にならないと証明してみせると脅した。アルノーは前年の一二月に、サノフィ買収を高すぎるとして手を引いていた。

アルノーばかりでなく、デ・ソーレは別の二人のフランス人とも争わねばならなかった。一人はYSL社長で創業者でもあり、まだ意欲満々の六八歳のピエール・ベルジェだ。ベルジェは、二〇〇六年までつけいるすきがない契約で社長職を確保されており、YSLのイメージに合わないデザインや広告には拒否権を発動できる権利を有していた。そんな彼だから、パリの高級住宅街マルソー大通りにあるプルースト風の広い豪邸に置かれたイヴ・サンローランの神聖なアトリエに、新参者が入ってくることを許しそうになかった。「この建物とオフィスにはぜったいに手をつけさせない」。ベルジェは歌うような口調でいった。「ここはオートクチュールの帝国なのだ」

交渉の席に座ったドメニコ・デ・ソーレも妥協しなかった。彼とトム・フォードは、自分たちが完全な支配権を握るか、さもなくば取引を破棄するしか方法はない、という姿勢だ。

デ・ソーレが厳しい交渉を迫られたもう一人のフランス人は、ほかならぬ救世主でパートナーのフランソワ・ピノーその人だ。YSLを獲得して、個人の持株会社のアルテミス株式会社傘下に入れたピノーは、YSLを全面的にグッチに渡してしまうことに不安をおぼえていた。

「最大の株主と非常に厳しい交渉に臨んだ」。デ・ソーレはいう。「グッチに全面的に経営権を渡してもらうための方策を見つけなくてはならなかった。経営会議メンバー一人ひとりのコンプライアンス（遵守）を勝ち取ることが必要だった」

「トム・フォードとドメニコ・デ・ソーレの強みは、製品デザイン、対外的イメージ、店舗のコンセプトを通してブランドの芸術性と評価の両方をコントロールしていく能力の高さにあります」と見ていたのは、ミラノを中心に活躍する高級ブランドのコンサルタント会社、インターコーポレートの上級副社長、アルマンド・ブランキーニだ。「YSLで自由に采配をふるえないとしたら、二人にとってとても残念な結果となったでしょう」

解決の糸口がつかめそうにないと思われたとき、ピノー自身が見事な妥協案を示した。彼自身が所有する投資会社のアルテミスがYSLのオートクチュール部門を買い取り、サノフィはYSLに加えて、ロジェ＆ガレ、ヴァン クリーフ＆アーペル、オスカー・デ・ラ・レンタ、クリツィアとフェンディなどの香水ライセンス事業を引き継ぐ。YSLはイヴ・サンローラン自身がデザインするオートクチュールと、若手デザイナーのアルベール・エルバスとエディ・スリマンがデザインするメンズ／ウィメンズ既製服のイヴ・サンローラン リヴ・ゴーシュとに、二つに分割されていた。二つのはっきりと性格の異なる会社を正式に分けるのは自然で適切なことと思えた。ピノーのぎりぎりの解決策によって、全員が満足のいく結果となった。イヴ・サンローランとピエール・ベルジェは、イヴ・サンローランのブランドをデ・ソーレとトム・フォードに七〇〇〇万ドルという気前のいい価格で売り渡し、二人は芸術性を保って究極のオートクチュール・コレクションの創作を続けることになる。だが一三〇人を雇ってのオートクチュールの売上は、年間四〇〇〇万フランにしかならず、長年にわたって赤字が続いていた。ピノーはより大きな規模の買収からあがる利益を考え、多少の赤字には目をつぶることにした。

YSLとピノーとの対決で、デ・ソーレは一歩も引かない強さを見せた。「私は控えめな人間でね、中にはこの性格を優柔不断だと誤解する人もいるんだ。だが私は甘くはない。それははっきりしている。自分に必要なものがわかっているからね」

デ・ソーレはローマのアクセサリー・ブランド、フェンディの買収をめぐって、活発な指し値競争を数ヵ月間にわたって繰り広げ、交渉力の強さを見せつけた。フェンディは一九九七年に発表したバゲット・ハンドバッグと呼ばれる商品が飛ぶように売れた、魅力的なアクセサリー・ブランドである。経営権を握るのは創業者アデーレ・フェンディの元気いっぱいの五人姉妹とその一族である。買収に加わる者が増えて、最近の平均株価をはるかに上回る指し値がついた。価格が上がっていくにつれて、最初に名乗りをあげたローマの高級宝飾品ブランドのブルガリや、アメリカの買い占めファンドのテキサス・パシフィック・グループが脱落した。デ・ソーレは会社の経営権を求め、推定六億八〇〇〇万ドルで会社を買い取るオファーを出し、ほかが手を引くのを見ながらたぶん自分が勝つことを確信していた。ところがプラダのパトリツィオ・ベルテッリ——その昔フェンディに皮革素材を供給していたことがある——が八億四〇〇〇万ドルの指し値をつけて競《せ》りに名乗りをあげた。デ・ソーレはどうしてもフェンディを買いたかった。彼とフォードは、グッチと変わらない伝統を持つこの毛皮と皮革とアクセサリーの会社に魅せられていた。デ・ソーレはベルテッリの指し値を上回る八億七〇〇〇万ドルをつけた。するとベルテッリは意表をついてLVMHと提携して九億ドル以上のオファーを出し、グッチの試みを打ち砕くと発表した。フェンディの純利益の三三倍という評価額である。当時の業界では二五倍でも高すぎると考えられていた。フェンディの買収金額は一般常識の範囲をはるかに超えており、デ・ソーレは二人の天敵が一団となって自分を追い落としにかかっているのだとわかった。当然ながらデ・ソーレは経営会議にはかった。

「プラダとLVMHの指し値以上を提示することはできるが、それはやりすぎだと考える」。もう一つ、彼が二の足を踏んだのは、フェンディ一族から出された条件で、比較的若い家族とその連れ合いにポストを確保するように求められたことだった。「買収した会社の従業員を無下《むげ》にしないとは約束できるが、全員に仕事を与えるとは約束できない」。デ・ソーレはいった。「家族だから優遇することはできない。できることとできないことははっきりさせなければならないからね」

フェンディの買収でグッチは負けはしたが、デ・ソーレにとっては二つの点で意味があった。一つは自分が望むものが手に入らないとわかったときには、交渉のテーブルを離れる手強い交渉相手だという評価を得たことである。もう一点は、サノフィの買収金額が高すぎるというアルノーの非難を退けられたことだ。

一九九九年一一月一五日、グッチはついに由緒あるブランド、イヴ・サンローランとともにサノフィ・ボーテを買収した。〈インターナショナル・ヘラルド・トリビューン〉紙のベテランのファッションジャーナリスト、スージー・メンケスは「ファッションのもっとも輝かしいトロフィー」をグッチは獲得したといった。買収にあたってグッチは、辛辣な物言いで有名なベルジェからなんとか譲歩を引き出した。「私はただイヴ・サンローラン氏を守りたかっただけだ。マーケティング力や交渉技術を披露したいというのなら勝手にやったらいい。そういうことはわれわれの手に負えないからね。われわれは最高のオートクチュールのメゾンを作ったが、マーケティングはわからない」

YSLの獲得で、グッチは多数のブランドを抱えるグループ企業への第一歩を踏み出したばかりでなく、業界で珠玉とされるブランドを傘下に抱えたことになる。一一月一九日、グッチはボローニャの高級靴製造業者、セルジオ・ロッシの七〇パーセントを一億ドルで買い、残りの三〇パーセントをロッシ一族に残したと発表した。それからもフランスの高級宝飾品ブランド、ブシュロンを二〇〇〇年五月に獲得するなどつぎつぎと買収を進めた。

二〇〇〇年一月、トム・フォードは予定どおりイヴ・サンローランのクリエイティブ・ディレクターに任命され、グッチでの仕事に加えてこのブランドのデザインも担当することになった。フォードがパリでYSLのオートクチュールのショーに出席したのにタイミングを合わせての発表となった。グッチは前年の一一月に、リヴ・ゴーシュからイヴ・サンローラン・クチュールと名称を変更した会社の代表取締役に、期待の若手でグッチの販売部長をしていた三六歳のマーク・リーを任命した。リーの社長就任が発表になったとき、業界では誰一人、シャイで物静かなリーの名前を知らなかった。グッチも彼の経歴を用意していなかったくらいだ。リーはサックス・フィフス・アヴェニュー、バレンティノ、アルマーニとジル・サンダーで働いてきて、控えめで誠実な働きぶりが同僚から高い評価を得ていた。フォードの仕事は、色褪せたYSLにかつての輝きを取り戻させることで、リーの任務は、既製服、香水とアクセサリーの事業と、一八七ものライセンスの管理を行うことだ。

高級ブランドビジネスを揺るがした買収戦争はまだ続いていたが、フォードとリーという二人の切れるアメリカ人が、フランスのファッション・ブランドの中でもっとも華やかで、以前には聖域視されていたブランドで指揮を執る。つぎなる問題は、フォードが誰にYSLのデザインを任せるのか、それとも彼自身がデザインするのか、それなら誰がグッチのデザインを担当するのか、である。たしかにフォードは、ファッション、デザイン、ライフスタイルとビジネスをすべて統合したコンセプトを考案する能力を持ち、ファッション業界に新しい次元を開いた、頭のいい才能あふれる若手デザイナーではあるが、はたしてすべてを自分一人でやりぬくことが可能なのだろうか？

グッチは高級ブランド業界の整理統合の波に乗って勢いを増しているし、まだまだブランドを吸収していくかまえである。しかしデ・ソーレは、肝心なのは規模ではなく創造性だ、という主張を変えていない。

「トムと私は、自分たちの仕事は調整と修正にあると考えている」とデ・ソーレはいう。「われわれはブランド・マネージャーだ。会社を見て、さあ、買おうというのではなく、その会社でわれわれは何ができるだろうか、と考える。投資銀行家じゃないからね」。たしかにフォードとデ・ソーレは投資銀行家ではないし、グッチを生んだフィレンツェのタフな商売人気質も受け継いではいないが、ブランドに活力を与え、決断力と闘志でグッチを国際的企業の花形へと飛躍させていく力を持っている。

八〇年の歴史でグッチは何回となく危機的情況に陥り、そのたびにあらたな領域を拓いてきた。前代未聞の家族同士を訴え合う訴訟合戦を繰り返した末に勝利したマウリツィオも、経営には失敗し、ついにグッチ家が一人もいないグッチは乗っ取り戦争を経ながらも、現在も高級ブランド市場で揺るぎない地位を獲得している。

グッチがたどってきたのは、ヨーロッパで創業した多くの家族経営企業や個人企業が経験してきた典型的な悪戦苦闘の歴史である。いま彼らが直面しているのは、実に不条理な情況だ。成功したために支払わねばならない代償は、しばしば自分が興して育てた会社を手放すことになる。グローバルな競争は企業合併を推し進め、家族や個人のオーナーはプロの経営者を入れて新しいパートナーと組むか、もしくは会社を売り払わなくては、自分たちの生活が経済的に破綻する。

ヴァレンティノは一九九八年にローマのファッション・ハウスをイタリアの投資会社、HdPに売ると発表し、記者発表の席で涙を流した。パリに本拠を置いていたエマニュエル・ウンガロは、一九九七年にフィレンツェのフェラガモ一族に会社を売ると決め、こちらは笑顔で握手した。ドイツのデザイナー、ジル・サンダーが、自分一人ではできないビジネスの拡大を希望して、プラダに経営権を譲り渡した。フェンディ一族は、同盟を組んだプラダとLVMHに会社の経営権を売ったが、買収にあたって巧みに指し値を競争させ、法外な高値で売り抜けた。

グッチ一族は自社を手放すにあたって充分な報酬をもらったものの、自分たちの名前を冠した会社が、ビジネスとファッションのニュース欄をにぎわしているのを、悲しみと苦さが混じった目で見つめている。ジョルジョ・グッチはその後もローマで二番目の妻、マリア・ピアと暮らしている。次男のグッチオとともに優れた皮革製品を作り、グッチにも製品を供給しているフィレンツェの業者、リンベルティを獲得し、頻繁にフィレンツェに出かけては経営に携わった。グッチオは、プラートの富裕な繊維製造業一族の娘と結婚し、グッチ四代目の中で抜きん出た能力を持つ起業家となった。一九九〇年に自分の名前を冠した皮革製品のビジネスを興し、一九九七年にはエスペリエンツァの名前でコレクションも発表した。現在はリンベルティでフルタイムで働いている。グッチオは自分の名前を使用することから不動産の問題まで、何年にもわたってグッチ社にさまざまな法的攻撃を繰り返している。

ほかの家族はミラノからローマまでのどこかで暮らし、グッチの成功がなかなか容認できないでいる。ジョルジョの息子、アレッサンドロは母のオリエッタにこういったそうだ。

「苦々しさは消えることがあるのかな？」

ロベルト・グッチはフィレンツェで暮らし、マウリツィオがインヴェストコープに株を売り渡した一カ月後に、ハウス・オブ・フローレンスという自身の革製品会社を興した。手作りの革バッグやアクセサリーを伝統にのっとって作っているハウス・オブ・フローレンスは、グッチの店からそう遠くないトルナブオーニ通りに店を出し、東京と大阪にもオフィスを持っている。ロベルトの妻ドルシッラと、六人の子どものうち五人もこの会社で働いている。残りの一人は修道女になった。ロベルトの目は、手作りの革のバッグや職人技について話すときにきらきら輝く。

「私は教えられた以上でも以下でもないレベルで仕事をしています。私ができるのはそれだけなんです。この商売を学び、誰も私からこの仕事を取り上げようとしないでしょうから、このまま続けていきますよ」

ほかのグッチ家の人々は仕事をしていない。アルドとブルーナの娘、パトリシアはパームビーチとカリフォルニアに家を持ち、ひっそりとローマで暮らす母親を頻繁に訪れている。パオロと最初の妻の末娘のパトリツィアは、マウリツィオのはからいで一九八七年から九二年までグッチで働いていたが、いまはフィレンツェ郊外のこんもりと木々が茂る屋敷で画家として生きていこうとしている。姉のエリザベッタは二人の子どもがいる主婦だ。

ミラノで控訴が棄却されたパトリツィアは、サンヴィットーレの監房で過去を忘れようとし、未来を考えられずに生きている。母のシルヴァーナはヴェネチア大通りの豪華なマンションで暮らし、毎週金曜日に娘の好物のミートローフを持って面会に出かけていた。二〇〇〇年二月カルロ・ノチェリーノは、シルヴァーナが夫の死期を早め、マウリツィオ・グッチの殺害計画を知っていて手伝ったという訴えをこっそり取り下げた。いまシルヴァーナは、パトリツィアとマウリツィオの二人の娘たちの面倒を見ている。ルガーノのビジネス・スクールに通うアレッサンドラを気遣い、ミラノで法律を勉強しているアレグラと一緒に暮らしている。経費がかさむのは承知で二人の娘たちはクレオール艇を手放さず、毎年父をしのんでサントロペにクルージングに出かける。またモナコのアルバート王子をはじめ、ヨーロッパの上流社交界のエリートたちをクレオール艇で訪ねたりもしている。アレッサンドラとアレグラは、父はいつまでも子どものままでいたかったピーター・パンだという。

「父は遊ぶのが大好きでした」とアレッサンドラは思い出していう。「アレグラと一緒に何時間もサッカーで遊んだあと、疲れ果てて家に帰ってきて今度はテレビゲームに熱中するんです。フェラーリ、F1レース、マイケル・ジャクソンとぬいぐるみに夢中でした。クリスマスのとき、大きな真っ赤なオウムを連れて帰ってくると、ベルを鳴らしてオウムの声を真似してしゃべってました。いつもみんなに何かプレゼントしてくれました」

だが娘たちにとって父は不在がちだった。

「一日六回も電話でしゃべるくらい親密な期間が何ヵ月か続いたかと思うと、ある日突然姿を消して四、五ヵ月間音信不通になってしまうんです」とアレッサンドラは続ける。「やさしいと思ったら、つぎの瞬間に凍りつくように冷たい人になってしまう。父と母は喧嘩ばかりしてましたけれど、遅かれ早かれきっとまた一緒に暮らすようになるだろうと思っていました」。親が子どもにできる最大のことは、互いに愛し合うことだと彼女はいう。

ヴェネチア大通りのマンションから数百メートル北にある、前夫から譲渡されたアパートの一二階で、パオラ・フランキは息子のチャーリーとともに暮らしている。毛足の長い絨毯やアンティーク家具が並べられた贅沢な内装の居間には、あちこちにマウリツィオ・グッチの写真が飾られている。

たぶんマウリツィオがこの世を去って、人生にぽっかり大きな穴があいた気分を味わっているのは運転手のルイージ・ピロヴァーノだろう。引退し、やもめになったルイージはマウリツィオの思い出にひたって毎日を過ごしている。マウリツィオが暮らしていた家や、グッチの店などを車で回るのが日課だ。二人でよく食事をしたマウリツィオお気に入りの家族食堂、ベベルを訪れてはよく昼食をとる。

ベベルのオーナーとマウリツィオの思い出話にふけるとき、ルイージは眼鏡を指で押し上げるマウリツィオそっくりの癖が出てしまう。その眼鏡はマウリツィオの形見としてもらったものだ。子どものころからのマウリツィオの思い出はつきることがない。

「マウリツィオは孤独でした。救いようがないほど孤独だったんです。彼にとって唯一私だけが心を許せる相手でした。毎晩私は自分の家族をほっぽらかして、あの人と一緒に過ごしたもんです。一人の人間には多すぎる重荷をあの人は背負わされていました。でもその苦悩に耳を傾けてくれる人はいなかったんです」とルイージはいう。

マウリツィオの葬式でルイージは身も世もなく泣き崩れ、息子は「パパはママが死んだときにはそんなに泣かなかったじゃないか」と非難した。

ルイージは定期的にスイスにあるマウリツィオの墓参りに出かける。墓はマウリツィオがこよなく愛したサンモリッツの別荘のすぐ近くにあり、二人の娘たちのたっての希望でそこに埋葬された。

フィレンツェではロベルトが、マウリツィオがグッチを手放してしまったことに対していまだに苦い思いを口にする。その責めを負うべきは、彼は決して名前を口に出さないが、パトリツィアだという。アウトサイダーである彼女が一族の者と結婚したことで、注意深く保たれていた微妙な家族間のパワーバランスが崩れてしまった。「野心の火花が散って、理性やモラルや敬意や思いやりなどを焼きつくし、ただ富を追求するだけになってしまった。火花の段階で水をかけて消しておけばいいものを、マウリツィオは燃え上がらせてしまった」

「グッチは偉大な一族ですよ」とロベルトはいう。「たしかにまちがいは多々おかしてきました。でもまちがいをしない人間なんていないでしょう？　いまさらまちがいをしたことをとやかくいいたくはありませんが、それを受け入れたくはないんです。こんなことになってしまったことが許せないんです。人生は分厚い本です。父は私にページのめくり方を教えてくれました。よくいってました。『つぎのページをめくれ！　泣かなきゃならないときには涙を流してもいいが、攻めることは忘れるな！』」

グッチ一族は欲望が現実と相容れなくなったとき、ページをめくることを余儀なくされてきた。一族がグッチ社と切り離されてしまって以来、一族のページには後悔と悲劇が書かれ、会社のページには混乱から空前の成功に進む物語が書かれている。今日、グッチは高級ブランドを数多く抱えるグループ企業となり、新しい人物がつぎつぎ登場し、魔法は消え去ることなく続いている。単独のブランドを一流にすることから、新しい才能をつぎつぎと導入して複数のブランドを擁するグループ企業へと発展するあらたな試みが、いまも展開されている。グッチのレガシーには、古いものと新しいもの、伝統と革新という両刃があるのだ。

20　エピローグ

EPILOGUE

二〇〇一年三月一二日、デザイナーたちが秋冬既製服コレクションを発表する期間だったが、チケットの争奪戦がもっとも激しかったのはショーではなく、その日の夜にポンピドー・センターで行われたアート展である。「レザネ・ポップ（ポップ時代）」はグッチとイヴ・サンローランが主催するアート展で、グッチ・グループがはじめて開く大がかりな文化的な催しというだけでなく、パリのファッション界、カルチャーの世界と社交界に華々しくデビューする機会でもあった。一九五八年から六八年までのポップ作品を集めた展覧会には、アンディ・ウォーホルの作品にはじまるポップ・アート作品が二〇〇点、建築プロジェクトが一〇〇点、ポップなオブジェが一五〇点、それにイヴ・サンローランの有名なモンドリアン・ルックから、クレージュ、ピエール・カルダン、パコ・ラバンヌのポップな服も展示される。フランスのファッション、アート、ビジネス、メディア各界の著名人や重要人物が軒並み招待され、入口で出迎えるトム・フォードとドメニコ・デ・ソーレの前にできた長い列はまるで紳士録を見ているかのようだった。

翌日の午後、イヴ・サンローラン リヴ・ゴーシュの既製服コレクションの発表を控えているトム・フォードは、オープニング・レセプション会場をこっそり抜け出して準備に戻り、デ・ソーレが招待客の応対に追われた。

デ・ソーレは絶好調だ。LVMHとの戦いに勝利したのち、グッチをマルチブランドのグループ企業にするという使命感に燃えていた。イヴ・サンローランをはじめ、有名な香水ブランドを多く持っていたサノフィ・ボーテを買収したのを皮切りに、イタリアの靴メーカーのセルジオ・ロッシの株を七〇パーセント、ジュネーブに本社を置く高級時計メーカーのベダ＆カンパニーの株を八五パーセント、皮革品ブランドのボッテガ・ヴェネタの株を六六・七パーセントと、つぎつぎと取得していった。業界に衝撃が走ったのは、デ・ソーレとフォードが、若手の将来性あるデザイナーたちのファッション・ハウスの株も購入する戦略を打ち出したときだ。以前にYSLにいて、のちにクリスチャン・ディオールに移ったメンズウェア・デザイナーのエディ・スリマンとは契約を結ぶのに失敗したが、英国の才能あふれる若手デザイナー、アレクサンダー・マックイーンの会社の株は、二〇〇〇年一二月に五一パーセントを取得した。この株取得は、またしてもアルノーの鼻先からマックイーンをかすめとった形となった。アルノーはマックイーンにLVMH傘下のジバンシィのデザインを任せており、すでに契約を更改していた。デ・ソーレは記者たちに、この動きはグッチがまだLVMHと法的に争っていることとはなんら関係がないと話した。ジバンシィは当然ながら一月に予定されていたショーを取りやめて、顧客とジャーナリストだけに内輪で製品を紹介し、アルノーとマックイーンは互いをメディアで辛辣に非難しあった。

「いつだってマックイーンは何かしらに文句をつけてばっかりだった」と〈ニューヨーク・タイムズ〉でアルノーは苦々しくこきおろし、LVMHはそれでもこの若手デザイナーを放り出さなかった、と寛容さを強調した。「われわれは礼儀を心得ているからね」

「ジバンシィでは予算がほとんどなくて、かつかつでやっていかなきゃならなかったんだ」とマックイーンは〈タイム〉誌で反撃し、LVMHグループ内は「意地汚く、会社の経営内容は不安定だった」といった。

二〇〇一年四月初旬、グッチは若手デザイナー、ステラ・マッカートニー（ビートルズのポール・リンダ・マッカートニーの三女）と契約した。クロエのデザイナーとして注目を浴びていた彼女をグッチ・グループに引き入れ、自身の名前でブランドを設立させデザイナーとして国際的知名度を確立させた。またスペインの老舗高級ブランド、バレンシアガを新しく生まれ変わらせたニコラ・ジェスキエールにも注目し、二〇〇一年にPPRはバレンシアガを獲得し、ジェスキエールはその後も長くバレンシアガのデザイナーをつとめた。

「トムと私は、新しいデザイナーたちの才能をどう生かすか、長時間話し合いました」。デ・ソーレは二〇〇一年三月、ミラノで行われたグッチのウィメンズ・プレタポルテ・コレクションの前に行われたインタビューで話した。「すばらしい才能を持った若いデザイナーたちに投資するのは、すでに地位を確立しているブランドを買い取るよりも低いコストですみますし、収益は天文学的に大きくなる可能性があります。あたればホームランですよ」

つぎからつぎへとブランドやデザイナーを買いまくるかたわら、グッチは売上が伸び悩むイヴ・サンローランの整理をはかり、一八七あったライセンスのうち一〇〇を切り捨て、眼鏡ほかいくつかの製品をのぞいて、ライセンス料で稼ぐ事業形態を脱し、生産から流通まで直接経営にたずさわる形態へと転換をはかった。グッチはYSLの工場を再編成し、重複している事業を整理した。既存店の内装を手直しして魅力ある店に改装し、新戦略拠点を設けた。これまでグッチの店舗建築にかかわってきた建築家のウィリアム・ソフィールドを起用して、モデルとなる新店舗をラスベガスのベッラッジョのショッピングビルに作った。

フォードが手がけた、イヴ・サンローランの歴史ある香水「オピウム」の新しい広告キャンペーンは、たちまちいい意味でも悪い意味でも評判になった。印刷媒体と世界中のバス停留所に貼られたポスターには、真っ赤に髪を染めた女優のソフィー・ダールがヌードで登場する。ダールはエキゾチックなメークと細く尖ったハイヒールだけで仰向《あおむ》けに横たわり、大理石の彫像のような身体をもの憂げに指でなぞっている。キャンペーンはスペインで広告賞を獲得し、どの国でも大きな話題となった。

グッチ・グループが事業を合理化して再編成したことによって、セルジオ・ロッシがYSLの靴製造を始め、グッチ・タイムピーシズがグループ内全ブランドの腕時計の生産と流通を引き受け、またグッチの流通網に乗って、アメリカ国内におけるYSLの化粧品の販売ルートが開拓された。

「ニューヨークのサックス・フィフス・アヴェニューでYSLの口紅を買ったら、ニュージャージーにあるグッチの倉庫から配送されることになるんだ」とデ・ソーレはうれしそうに何回も繰り返した。

デ・ソーレはまたグッチの強力な競争相手から切れものの人材を無理やり引き抜いて、

部門マネージャーに任命した。最大の話題になったのは、プラダからジャコモ・サントゥッチを引き抜いてグッチ・ディビジョンの新社長に任命したことである。サントゥッチはプラダで肩書きこそ営業部長でしかなかったが、実質的にはCEOのパトリツィオ・ベルテッリにつぐ重要な仕事を任されていた。極東地域でグループの勢力拡大を推し進め、薬のように一回の使用量ごとに包装したスキンケア製品という画期的な商品で、化粧品ビジネスへの参入を牽引《けんいん》した人物だ。ティエリー・アンドレッタはLVMHのブランドであるセリーヌで、ブランドの刷新をはかった実力を認められてスカウトされ、グッチの新事業開拓にかかわることになったし、ブルガリからはマッシモ・マッキが宝飾と時計の担当者として獲得された。グッチの業績重視の経営スタイル、高い給料、魅力的なストックオプション・プログラムという好条件をそろえたアメリカ的企業スタイルは、ファッション産業で有名だった。

「みんなグッチで働きたがる」。デ・ソーレはミラノでのインタビューでいった。「このビジネスは人が何よりもたいせつな資産だ。誰であれ、これと見込んだ人を私は雇うことができる！」

デ・ソーレとフォードは、グッチそのものがこのまま成長を続けていくという甘い見通しは持っていなかった。二〇〇一年にはパリ、ローマ店に始まり、アルド・グッチが一九八〇年に大理石とガラスとブロンズで大胆に改装して以来不可侵とされてきたニューヨークの旗艦店を全面改装し、日本にも新店舗を開いた。シンガポールとスペインのフランチャイズ店の経営権をあらためて取得し、ザマスポルトの婦人既製服生産部門を獲得した。「グッチは潤滑油をたっぷり注がれた機械だ」。デ・ソーレはインタビューでいった。

デ・ソーレとフォードは、イヴ・サンローランでパリのファッション界の主流に自分たちの地位を築く足がかりを得たと考えているが、確固たる地位を獲得する夢の達成はむずかしいとよくわかっていた。二〇〇〇年一〇月、フォードのYSLブランドでのデビュー・コレクションは可もなく不可もないという評価で終わった。イヴ・サンローランの原点に戻りたい、というフォードは、肩のラインを強調した黒と白のパンツスーツを主軸に、シンプルなドレスを数点混ぜた。

フォードとデ・ソーレは、イヴ・サンローランとビジネス・パートナーのピエール・ベルジェを礼儀正しくショーに招待した。ショーの会場としてグッチが選んだのは、ロダン美術館のていねいに刈り込まれた芝生の真ん中に建てた、細長い真っ黒な箱のような建物だ。一八世紀に建設された優雅な邸宅と、果物がたわわに実る木々やバラが咲き乱れる庭園は、いかめしい黒い箱状のショー会場と好対照をなしていた。ショー会場はもの憂げな紫色の照明で照らされ、かすかに香りが漂い、ファッションショーというよりはタバコの煙でかすむラウンジのように黒のサテン地が張られた座席が並んでいた。黒い箱状建物は、あるジャーナリストにいわせるとYSLの「宝石箱」で、世界でもっとも偉大なデザイナーの一人であるイヴ・サンローランのあとを継ぐ、フォードの能力が問われることになるショーの舞台だった。

予想されたとおり、世捨て人のような生活を送っているイヴ・サンローラン本人は姿をあらわさなかったが、ベルジェは眉をひそめながら、サンローランの有名なミューズたちにはさまれて最前列に座った。ブロンドの両性具有的なベティ・カトルーが片側に、フェミニンでエキセントリックなルールー・ド・ラ・ファレーズがもう一方の側だ。批評家は、うまくまとめられたシンプルなショーは、イヴ・サンローランの伝説を引き継いだというよりも、グッチのしなやかでセクシーなスタイルにより近い、と不満を述べた。たぶんフォードは、グッチとYSLの両方をうまく区別して、それぞれの特徴を出しきれないのだろう、とファッション編集者たちはささやきあった。

「むずかしい仕事だと覚悟していたよ」。フォードはのちにいった。「偉大な人のあとを継いだわけだけれど、ぼく自身は後釜に座ろうとは思っていないんだ。ぼくはイヴになるつもりはない」

内部の情報に通じている人たちは、コレクション製作は最初からたいへんな難事業になるのが目に見えていた、という。YSLのデザインと縫製にたずさわっていたスタッフは、全員イヴ・サンローランとベルジェのもとにとどまった。またフランスの労働と生産システムの数々の規制も製作の妨げになった。そこでフォードは、最初のYSLの既製服コレクションを、グッチのデザインスタッフを使ってグッチの工場で作った。このコレクション以降、フォードはかつてプラダのセカンドラインであるミュウミュウのコレクションを製作していた、若手デザイナーのステファノ・ピラーティを起用し、イヴ・サンローランのためにより強力なデザイン・チームを結成した。

フォードのYSLのショーには姿を見せなかったのに、二〇〇一年一月、エディ・スリマンのデビューとなるクリスチャン・ディオールのメンズウェア・コレクションにイヴ・サンローランが出席したことで、またもや緊張が高まった。サンローランは最前列にベルナール・アルノーとともに座り、ビデオの撮影クルーは、イヴが「殉教者のように苦しんでいる」「ひどい、実になげかわしい」といっている姿を録画した。ついで彼は「アルノーさん、どうか私の傷をいやしてください」ともつけ加えた。この会話が二月にケーブルテレビのカナルプリュスで流され、途中でピエール・ベルジェが「イヴ、そこいら中にマイクがあるんだぞ。それ以上何もいうな」とさえぎるところで途切れた。

イヴ・サンローランがいったい何にそれほど逆上しているのかは、ひと言も言及されていなかったが、パリ中の人々は、YSLのプレタポルテ部門がグッチに売却されたことを指していると確信し、一九八九年にアルノーがルイ・ヴィトンを買収して以来、高級ブランド市場での最大の戦いが始まるのではないかと固唾《かたず》を呑んで展開を見守った。ポンピドー・センターで開かれたアート展が、パリのファッション界にグッチありき、と力強く宣言する第一歩となったものの、フォードにとって本当に試金石となるのはYSLのつぎのショーだった。

二〇〇一年三月一四日の午後、ドメニコ・デ・ソーレはYSLの秋冬物コレクションに集まったジャーナリスト、ファッション誌編集者、バイヤーやカメラマンたちが黒い箱状建物に続々と入っていくのを見つめていた。トム・フォードは舞台裏で、モデルたちの最後のチェックに余念がなかった。フランソワ・ピノー、PPRのCEOであるセルジュ・ワインバーグや主要な小売業者、ビジネス関係者たちが見守る中、ショーが始まった。

コレクションは、イヴ・サンローランの一世を風靡《ふうび》したボヘミアン・ルックに賛辞を捧げたシルクの彩りあざやかなドレスで始まり、ほかは全部黒でまとめられた。袖と身頃が大きくふくらんだセクシーなブラウスにコルセットを締め、ふくらんだ丸いスカートをあわせた組み合わせや、エキゾチックなスカーフ・スカート、スモーキングジャケットとフラメンコスカートの組み合わせなどがつぎつぎと登場した。コレクションはイヴ・サンローランの精神を現代的によみがえらせたすばらしい出来栄えだった。デ・ソーレはほっと安堵のため息をついた。翌日から新聞と雑誌にべた褒めの記事が掲載され、ファッション雑誌とバイヤーたちはこぞって、今回のすべてのコレクション中で最高だったと高い評価を下した。トム・フォードとグッチはあらためてファッションの波に乗ったのである。だが有頂天でいられたのも束の間だった。

ベルナール・アルノーが翌日未明、思いもかけない記者発表を行なった。午前二時まで協議した結果、LVMHはまだ無名のウェールズ人デザイナー、ジュリアン・マクドナルドをジバンシィのデザイナーとして起用することを決めた、という。大成功だったフォードのYSLコレクションの記事は、LVMHのジバンシィ獲得の記事に差し替えられた。

グッチとLVMHの競争は新たな次元に突入した。LVMHはつぎからつぎへと買収を重ねた。イタリアのデザイナー・ブランド、エミリオ・プッチ、アメリカに本拠を置くデイ・スパのブリス、カリフォルニアに本拠を置くビューティー関連企業のハード・キャンディ、高級腕時計ブランドのタグホイヤーとエベル、上質シャツメーカーのトーマス・ピンク、ベネフィット・コスメティックス、ダナ・キャラン、ダイアモンドの採鉱・流通・加工・卸売を手がけるデビアス・コンソリデイテッド・マインズとの合弁事業等など。アルノーは新しい経営幹部も雇った。ジョルジオ・アルマーニの前代表取締役だったピノ・

ブリュソーネをLVMHファッション・グループのブランド獲得と開発部門の上級副社長に就け、その後ダナ・キャラン・インターナショナルのCEOに任命した。二〇〇一年三月にLVMHは二〇〇〇年に記録的な収益を発表し、それによれば売上は前年三五パーセント増の一〇九億ドルで、二〇〇一年には売上、収益ともに二桁増が予測されている。LVMHはグループのスターブランドであるルイ・ヴィトンが際立ってすばらしい実績を上げると同時に、クリスチャン・ディオールのジャドール、ケンゾーのフラワー、ゲランのイッシマといった香水でも成功をおさめた。

数週間後、グッチは二〇〇〇年度決算として前年予測をすべて記録的に破って、総収入が八三パーセント増の二二億六〇〇〇万ドル、一株あたりの配当は三・三一ドル（三・一〇ドルから三・一五ドルと予測されていた）と発表した。純益はほぼ三億三六七〇万ドルに達した。

「二〇〇〇年は非常に重要な一年でした」とデ・ソーレはアムステルダムのヒルトン・ホテルでの決算報告に集まった記者たちに話した。「株式公開以来、わが社の歴史上もっとも劇的な変化を経験した年でした。グッチは一社一ブランドの企業から、マルチブランドの企業実体へと転換したのです。われわれの経営手腕は他社よりも優れていることが証明されました。以後もスピードのある積極的な経営姿勢を貫き、グッチの業績をより向上させていきます」

二年間にわたる法廷での争いのあとも、グッチとＬＶＭＨの法律的な争いは少しも衰えることなく続いていた。ＬＶＭＨはＰＰＲに、グッチとの同盟関係をくつがえしてグッチを全面買収の競売にかけるよう迫った。二〇〇〇年秋、グッチはＥＣ反トラスト委員会に、ＬＶＭＨがヨーロッパの独占禁止法に違反していると訴えた。ＬＶＭＨがグッチの株主としての地位を濫用《らんよう》し、グッチの買収戦略を妨害しているという訴えで、ＬＶＭＨに対し、所有する二〇・六パーセントのグッチ株を売り渡すことを求めたものだ。二〇〇一年一月、ＬＶＭＨは二〇〇〇年五月と六月にＰＰＲから提案された一株一〇〇ドルで、買取の申し出に応じる用意があると裁判所に伝えた。ＰＰＲの弁護士たちは、その申し出はすでに破棄されているといった。

グッチの巧みなブランド買収、グループをまとめていく経営手腕、魅力的なファッション、すばやい法的処置をもってしても、三月八日の衝撃を免れるわけにはいかなかった。その日、アムステルダム控訴裁判所商事法廷で、グッチのＰＰＲとの提携に調査を入れる判決が下された。

「過去二年間われわれが求めてきた判決だ」とＬＶＭＨは公式見解として発表した。「今日のこの決定が、グッチのＰＰＲとの合併を撤回する第一歩になると信じている」。また

「裁判所はグッチに資金調査を命じ、裁判所が任命した三者別々の調査機関がおよそ一〇万ドルをかけて調査にあたることになる。LVMHは、もしグッチのPPRとの協調が無効であるとはっきりすれば、われわれが所有しているグッチ株を現行の二〇・六パーセントのシェアにとどめ、グッチの役員会に代表を送り込むことは考えず、グッチの経営や買収戦略を妨害することはない、と約束する。LVMHはまた、世界有数の投資銀行にあらたに三〇億ドルの増資を斡旋するよう働きかけるので、グッチはPPRとの取引で得た金を捨てるようなことにはならない」と述べた。

「PPRとの契約が無効になり、LVMHが事業を保証すれば、グッチはもう一度独立した企業となり、現在と同じようにPPRが四四パーセントの株を所有した状態で経営されることになる」とLVMHはいった。「そうなれば第三者からの全面買い付けの対象となり、経営権付きでの価格が示されれば、LVMHも含むグッチ全株主の利益となるだろう」

一九九九年五月に同じ裁判所が、グッチとPPRの提携は合法であり、グッチには自社を防衛する権利があった、と認めた判決をくつがえす調査命令である。LVMHはこの判決についてもオランダ高等裁判所に訴えて、二〇〇〇年六月に判決は無効となった。九月に高裁は商事法廷に、結論を出す前に公式に調査を行うよう指示した。グッチは調査には協力すると発表したが、二〇〇一年三月末、判決を不服として控訴し、PPRもならった。

この裁判に圧力をかけようと、LVMHの弁護士はトム・フォードとドメニコ・デ・ソーレにストックオプションを認める秘密の取り決めが、グッチのPPRとの提携を支える条件になっている、と非難した。グッチはそんな取り決めなどない、PPRの取引とストックオプションの間には「なんの関係もなく」、商事法廷がPPRとの提携を承認したはるかあとの一九九九年六月に、ストックオプションを授与されたのだと反論した。LVMHは、グッチの法律顧問であるアラン・タトルからひそかに持ち出された極秘書類を手に入れ（グッチは書類が盗まれたと非難した）、タトルのメモによれば、たしかにオプションを授与する協定が取り交わされていると指摘した。二〇〇一年五月半ば、グッチは調査命令に引き続き協力しており、一方で社の弁護団は、予定表や書類をくまなく調べて控訴の準備を進めていた。調査の結果は九月まで出ないだろうと考えられていた。グッチの弁護団と代弁者はマスコミ記者団に調査について聞かれると、自信を持っていると落ち着いて語り、デ・ソーレはPPRとの提携はくつがえらないと確信していると宣言していた。

だがLVMHの裁判に訴える攻撃は彼をいらだたせていた。

「もう何をかいわんやだね！」。デ・ソーレは五月に開かれた、グッチ・グループの傘下にあるエルメネジルド・ゼニアがスポンサーの有名なレガッタに顔を出したとき、記者団にいった。「ベルナール・アルノーは病的な嘘つきだ。これは書いていいぞ」。デ・ソーレはいった。

二〇〇一年二月一九日、アムステルダム商事裁判所だけでなく、ローマのコルテ・ディ・カッサツィオーネ（イタリア最高裁判所）でもグッチにまつわる裁判が開かれた。パトリツィア・レッジャーニと四人の共犯者の控訴を受け、裁判所はマウリツィオ・グッチ殺人事件を三時間にわたって協議した。その直前、裁判所はパトリツィアから出された、健康を理由に刑務所からの釈放を求めた嘆願を却下していた。グッチの殺人事件は、検察のカルロ・ノチェリーノとパトリツィアの弁護士双方から控訴されていた。母と娘たちからの支援を受けて、パトリツィアはサメック裁判長が一九九八年一一月に下した有罪判決をくつがえそうと控訴を続けた。二〇〇〇年三月に最初の控訴審に敗訴して激怒したパトリツィアは、それまでの弁護士を解任し、あらたにローマの弁護士を雇って最高裁に控訴した。自分の精神状態では有罪にはならないという理由のもとに、有罪判決を撤回することに望みをかけていた。ノチェリーノが高裁に控訴したのは、実行犯のチェラウロが終身刑で、計画を立てた首謀者のパトリツィアが二九年の懲役という、サメック裁判長の判決に納得がいかなかったからである。高裁は双方の控訴を棄却し、有罪をあらためて確定した。

裁判所の判決によって、もしかすると有罪判決がくつがえるかもしれないというパトリツィアの希望が打ち砕かれたにもかかわらず、あらたに雇われたローマの弁護士たちはあらゆる証言を検討して、こんな筋書きはありえないだろうという観点から、最初の評決は事実に反しているという根拠でこの件を根底からくつがえしてみせると宣言した。

その間も監房内でのパトリツィアのふるまいは悪化の一途をたどった。同房者と喧嘩が絶えず、殴られて虐待されていると訴えた。暴力への抗議は、釈放を求める嘆願の裏付けとなった。ほかの囚人に対し、およそ二〇〇〇ドルを支払えと正式に訴えを起こしたこともあった。パトリツィアはその囚人が、釈放されたあとも自分のアムレットを返してくれなかったと訴えた。サンヴィットーレの所長はいらだち、争いごとは秩序を乱すといって、罰として突然パトリツィアをミラノ郊外の別の刑務所に移送した。この処置に抗議して、パトリツィアは自殺未遂騒ぎを引き起こした。刑務所関係者によれば、彼女はシーツを首に巻いていていたそうだ。

「私はもうこの世に永遠に別れを告げたかったの」と母親にいったと伝えられている。だが刑務所側は単に注意を引きたかっただけの狂言自殺だとした。騒ぎが静まったところで、サンヴィットーレの所長はパトリツィアを戻すことにした。

「パトリツィア・レッジャーニとピーナ・アウリエンマの間に起こったことはすべて、結局彼女たち二人が切り離せない関係だったということを証明している」。アウリエンマの弁護士であるパオロ・トレイニはいった。「ピーナはパトリツィアなしには存在が薄れてしまう」

パトリツィアの状態はくるくると変化した。あるときは松葉杖を使わないと歩けないほどになり、定期的に養毛にやってくる美容師にさえも会えないくらい身体が弱ってしまう。シルヴァーナは忠実に、毎週金曜日になると好物を抱えてパトリツィアに面会にやってきては、汚れ物を渡されて帰ってくる。アレッサンドラはボッコーニ大学のビジネス・スクールで勉学を続け、アレグラはミラノで法律の勉強をしている。二人の娘たちはできるかぎり母親の面会に訪れている。クレオール艇は相変わらず手放さず、ヨーロッパの歴史あるレースに出艇させている。

マウリツィオの恋人だったパオラ・フランキは、二〇〇一年のはじめ、父親と過ごしたクリスマス休暇から帰ってまもなく息子のチャーリーが自死するという悲劇に襲われた。「なぜ私たちがこんな仕打ちにあわねばならないのか、理解に苦しみます」。パオラはいった。いまはファッション関連のインターネット事業にかかわり、仕事をすることで少しでも悲しみをいやしたいと願っている。

ロベルト・グッチはハウス・オブ・フローレンスの仕事を続けており、兄のジョルジョは資産を置くキューバで過ごすことが多くなり、ハヴァナの街の目抜き通りに服飾店を開いている。またスペインで衣料品を生産し、専門店で販売している。二〇〇一年六月には「ジョルジョG」という皮革付属品のコレクションもあらたに打ち出した。二〇〇〇年に腸の具合が悪くなり、イタリアで手術を受けて九死に一生を得るということはあったが、その後も長く生きた。息子のグッチオはフィレンツェの皮革製品の会社、リンベルティの経営を続けており、トップ・デザイナーに高品質の皮革付属品を卸《おろ》している。

二〇〇一年マウリツィオの命日が二日後に迫った三月二五日、まだパレストロ二〇番地にある建物の門番をしているジュゼッペ・オノラートは、ミラノの日刊紙〈コリエーレ・デッラ・セーラ〉に、六年前に自分の目の前で死んだ四六歳の幸せいっぱいだった男のことについて、手記を発表した。

「私にとって今日は悲しい記念日です。マウリツィオはもう死んでしまってこの日を記憶することはできません。もしできることなら、もっと幸せに、もっと喜びにあふれて生きていたかったと彼は思っているにちがいありません」

オノラートはまた、一九九五年三月二七日のあの運命の日以来、毎日が暗いとも書いた。裁判所がパトリツィア・レッジャーニに一億ドル相当の賠償金を支払うよう命じたにもかかわらず、彼はまだ一銭も受け取っていない。

「今日にいたるまで、私はいやなことばかりに時間を費やしています。民事裁判所での裁判、弁護士、治療、医者の診察、そして左腕にときどき走る激痛。痛みを感じるたびに、私はあの恐ろしい日に引き戻されます。……『いったいどれくらいの賠償金をもらったんだ』とか『まだ賠償金をもらってないなんて信じられない』などという心ない言葉にもっと傷つけられているのです」

繊細でまじめなオノラートは、自分よりももっと酷い境遇にある人もいると考えて自分をなだめている。「まだ生きていられるということが、私にとって大きななぐさめです」言葉を選びながらオノラートはいった。「しばらく私が本当に悩んだ疑問があります。もし私のかわりに、あの建物に住んでいる大金持ちの誰かが偶然行きあわせて撃たれたのだとしたら、その人は私みたいに六年たってもまだ苦しんだりはしていないんじゃないか？　法は誰にとっても平等なのでしょうか？」

新版あとがき

グッチというファッション・ハウスとその創業者一族は今もなお影響力を持ち、意表をついた行動で世間を驚かせ続けている。二〇年前に『ハウス・オブ・グッチ』が出版されて以降の出来事を、あとがきとして記しておきたい。

グッチ一族
パトリツィア・レッジャーニ

二〇一〇年、暑さが残る夏の夜、ミラノのタクシー運転手、デイヴィッドは高級ファッション店が並ぶショッピング街のサンバビーラ広場に呼ばれた。華やかにドレスアップした二人の女性が、プライベートショップのオープニングパーティーから出てきてタクシーに乗り込んだ。彼女たちは「サンヴィットーレに行ってちょうだい。外れの方よ」と行き先を告げた。サンヴィットーレは街の中心部から離れてはいないが、刑務所がある場所だ。デイヴィッドはとまどった。告げられた住所は刑務所のもので、周辺には住宅や店はないのにいったいなぜ？

女性たちは刑務所の塀の前で車を停めてくれと指示した。監視塔の下にある二つの小さな扉にカメラが設置されている。タクシーの後部座席で、女性の一人がイヴニングドレスを脱いでバッグに投げ入れ、ジャンプスーツに着替えてバッグをもう一人の友人に手渡した。彼女はタクシーを降りると扉の一つに向かった。友人は後部座席に座ったままで、その女性が中に入るまで待ってくれ、とデイヴィッドにいった。

後部座席の女性はデイヴィッドに、彼女はパトリツィア・レッジャーニといっていま六一歳で、一九九八年に前夫のマウリツィオ・グッチの殺害を命じた罪で二九年の刑期を言い渡された人よ、と教えた。もう一〇年以上服役していて、短期間の監督付き外出が許されている。だからパトリツィアが無事に中に入ったことを私は確かめなくてはいけないの、といった。

有罪判決が下って刑務所に収監されてから数年経つと、パトリツィアはサンヴィットーレでの生活に慣れて落ち着いた日々を送るようになった。刑務所内の中庭でガーデニングを始め、許可を得てペットとしてバンビと名付けたフェレットを飼い始めた。高齢の母、シルヴァーナ・バルビエリと、収監されたときにはティーンエイジャーだった娘たちのアレッサンドラとアレグラも毎週のように面会に訪れた。

二〇一一年秋、社会復帰プログラムの一環として、パートタイムで働くようにといわれたときのパトリツィアの断りのセリフは有名だ。「私はこれまでの人生で一度たりとも働いたことがない。なぜいまさら働かなくちゃいけないのよ」

パトリツィアは二〇一四年に釈放された。二九年の刑期が一六年に短縮されたのは、服役態度が良好だと判断されたからだ。マウリツィオ殺害を共謀したピーナ・アウリエンマと協力者たちも釈放されたが、実行犯だったベネデット・チェラウロだけは重警備の施設で終身刑に服していた。

釈放から日が経っていないある日、パトリツィアが友人と、ミラノの「黄金の三角地帯」と呼ばれる高級ファッション街の一角であるモンテナポレオーネ通りをぶらぶらと歩いている姿が、パパラッチに写真に撮られた。彼女の肩にはペットのオウム、ボーがのっていた。その後もテレビカメラは街のあちこちに出没する彼女を追いかけ、質問を浴びせた。一人が「パトリツィア、なぜヒットマンを雇ってマウリツィオ・グッチを殺したんですか？　自分自身で撃たなかったのはなぜ？」と尋ねた。答えはふるっていた。「私、視力がよくないのよ。撃ち損じたくなかったからね」

二〇一四年、働きたくないという前言をひるがえして、仮釈放の条件の許す範囲で、ファッション・ブランドのボザールトのコンサルタントを始めた。オウムのボーの羽の色からヒントを得た、鮮やかな色のバッグやジュエリーのコレクションを製作したのだ。そのコレクションは、グッチがすぐ近くの会場でショーを開催した同じ日に発表された。

釈放後、パトリツィアは母とともにミラノ中心部のサンバルナーバ通りに引っ越した。マウリツィオ殺害で裁かれ、有罪判決を受けた裁判所のすぐ近くだ。生活困窮者の申請をし、毎月三〇〇〜四〇〇ユーロ（五〇〇ユーロよりは少ない）の公的支援金を受け取っていることを明かしている。また母との関係が悪化し、お互いめったに口をきかないし、一緒に食事もしていないといった。

シルヴァーナは、自分の遺産をパトリツィアがまた浪費してしまうのではないかと心配した。二〇一九年四月に亡くなる前に、シルヴァーナは娘の行状を監督するため、裁判所が指名する遺産管財人をつけようとしていた。パトリツィアは二〇一六年〈ガーディアン〉紙に、釈放後三日目の出来事を打ち明けた。「家に母からの手紙を手にした男性がいて、そこには私が禁治産者だと書かれていた」

パトリッツィアはのちに〈イル・ジョルノ〉紙に「母がそんな申請をしたのは愛情からよ。私への愛情ではなく、自分のお金への愛情から。もしできるならば、母は自分の財産のすべてをあの世まで持っていったでしょう」

パトリッツィアはサンヴィットーレ刑務所を「ヴィクター・レジデンス」と呼んで、収監期間を肯定的にとらえていた。「ときどき私はヴィクター・レジデンスに帰りたくなっちゃうのよ。母親がすごくむずかしい人だから」と〈ガーディアン〉紙に語った。「何もやってないのに、毎日ガミガミうるさい」

パトリッツィアはまた、娘たちとの関係もうまくいってないと話した。アレッサンドラとアレグラは二人とも結婚して子どもがいて、スイスに住んでいてあまり会うことがないという。二〇一八年秋、娘たちはスイスの裁判所に、一九九三年に離婚したときの、パトリッツィアが生涯にわたってマウリッツィオから慰謝料を受け取るという取り決めを失効したい、と申し入れた。メディアが伝えるところによれば、支払額は年一〇〇万スイスフランで、パトリッツィアが収監されている期間中の未払い額を含めると、マウリッツィオの遺産を相続した娘たちは母に合計約二六〇〇万スイスフランを支払わねばならないという。イタリアの控訴院は、パトリッツィアには受領の権利があるとした。その判決は上訴されてイタリアの最高裁判所に持ち込まれたが、まだ最終的な判決は下っていない。

パトリツィアは改心すると決意した。二〇一九年一一月イタリアのテレビインタビューで、マウリツィオのオフィスが入っていた建物の門番をしていて、襲撃時に巻き添えで腕を撃たれたジュゼッペ・オノラートに、母から受け取った遺産から補償金を支払うといった。また殺害されたときにマウリツィオの恋人だったパオラ・フランキから請求された賠償金も支払いたいといった。「正しいことをやりたいのよ」というのがパトリツィアの弁である。

パトリツィアは娘たちにも申し入れをしているそうだ。慰謝料分を放棄する代わりに、月々手当を受け取り、マウリツィオのサンモリッツの別荘、ロワゾー・ブルー（青い鳥）を年に一カ月間使用させてほしいと申し入れている。またマウリツィオが所有していて、いまも娘たちが維持している歴史的なヨット、クレオール艇に乗船する許可も求めている。そこで孫たちと一緒に過ごしたいのだという。

グッチ・ブランド復活

二〇一五年、グッチのデザインスタジオでアシスタントをつとめていたイタリア人デザイナー、アレッサンドロ・ミケーレがクリエイティブ・ディレクターに就任し、彼のもとでグッチは勢いを取り戻している。ローマ出身のミケーレは二〇〇二年にハンドバッグのデザイナーとしてフォードとデ・ソーレに採用されたが、二〇〇六年から全コレクションと製品分野のトップに立ってデザインを仕切っていたフリーダ・ジャンニーニが、突如グッチを辞めた後任として抜擢された。彼はデザインコンセプトとしてジェンダーフルイド（性自認が多様に揺れ動くこと）を打ち出し、新ロマン主義的なスタイルを発展させ、批評家と顧客を魅了している。〈ニューヨーク・タイムズ〉紙のファッション評論家、ヴァネッサ・フリードマンは「最近五年間でもっとも影響力のあるブランド」と彼のグッチを評価している。〈ワシントン・ポスト〉紙のファッション評論家、ロビン・ギヴハンもインタビューで「ミケーレは、ジェンダーの定義が変わったことを深く理解し、多様性を全面的に受け入れることに焦点を当てたファッションを展開しようとしている」といっている。

イタリアが新型コロナウイルスのために約三カ月にわたってロックダウンされたあとの、二〇二〇年五月二五日、ミケーレは自分のローマのスタジオから、オンラインによる記者会見に登壇した。彼は会見で、グッチはブランドとして、これまで年五回開催されていたファッションショーを二回に減らし、メンズウェアとウィメンズウェアの区分をはっきりとつけないことを宣言した。

「我々は、この複雑な社会システムに合わせて生まれ変わるための新しい酸素を必要としています」。彼は黒い大きな扇を顔の前でゆっくりと振りながらいった。

長年にわたり、毎年二回、九〜一〇月に春夏物、二〜三月に秋冬物と四週間にわたってニューヨークから始まりロンドン、ミラノ、最後にパリで開催されているファッションショーは、以前から業界にとって負担になっていた。新型コロナウイルスによるパンデミックで、店舗は休業し、サプライチェーンは混乱し、一時解雇を余儀なくされ、売上は激減した。商品の展示方法としてとっくに賞味期限が切れていたショーという形式を変えることは、もはや避けられなくなった。

「私はシーズンごとにショーを開催するこれまでの慣習をやめて、私の表現欲求に寄り添って、あらたにリズムを取り戻す」とミケーレはパンデミックの初期の数カ月につづった日記で書いた。グッチはその日記に『沈黙からの覚書』とタイトルをつけ、一部をオンラインで発表した。ミケーレはそこで「皆さんにお会いするのは年二回だけにして、そこで新しいストーリーを共有しましょう」と書いている。

ショーを簡素化すると宣言したことで、ミケーレはグッチをあらためて業界のパイオニアにした。ほかのブランドがパンデミックを理由にショーを変更する中で、グッチは変更を一時的ではなく常態とすることを決めた最初のブランドである。

グッチが過去五〇年（もしくは一世紀近く）に三回もの再興を達成することがなぜできたのか、その理由がこの件からもうかがえるだろう。

トム&ドムのその後

二〇〇〇年代初めはトム・フォードとドメニコ・デ・ソーレにとって、グッチ在籍最後の数年となった。デザイナーとCEOとしてタッグを組んだ二人は、ファッション・メディアからトム&ドムと呼ばれ、クリエイティブ・マネージャーとして業界史上最強のチームと考えられていた。一〇年足らずで、二人はグッチをフィレンツェで赤字続きだった革製品会社から、株式を上場させてグローバルに展開するコングロマリットへと変貌を遂げさせた。

トム・フォードは自身のデザイン観である「セックス・セルズ（性的魅力を売る）」を、これまでになかったレベルで展開した。二〇〇三年春の広告キャンペーンでは、その後セクハラ容疑で訴えられたファッション写真家のマリオ・テスティーノを起用し、モデルのカルメン・カースに陰毛をグッチ・ロゴのG型に剃った姿でポーズをとらせ、物議をかもした（テスティーノ自身は容疑を否認しているが、二〇一八年にセクハラで訴えられて、ファッション写真家としてのキャリアは実質的に終わった）。

フォードはまたイヴ・サンローランの香水オピウムの宣伝に、豊満でセクシーな英国人モデル／女優／作家のソフィー・ダールをヌードで登場させ、ひと騒動起こした。児童文学作家のロアルド・ダールの孫娘であるソフィーは、黒いヴェルヴェットの上に、ゴールドのジュエリーとグリーンのアイシャドウ、YSLのハイヒールのサンダルだけをつけた姿で横たわった。

フランスの投資家、フランソワ・ピノーが、一九九九年にLVMH会長のベルナール・アルノーが仕掛けた敵対的買収からグッチを救ってから、ピノーは、複数の高級ブランドを抱えるグッチ・グループという帝国を作って、ライバルのアルノーに対抗できる勢力になれとトム＆ドムを励ました。フォードとデ・ソーレは、バレンシアガやブシュロンといった衰退の一途をたどっていたブランドを買いあさって再生させた。二人は新しいブランドにも投資した。ステラ・マッカートニーやLVMH傘下のクチュールハウス、ジバンシィのデザイナーだったアレクサンダー・マックイーンも、グッチに引き抜かれた。トム＆ドムの業績は、デザイナーズブランドのポータルサイト、ネッタポルテ創業者であるナタリー・マセネに、廃業寸前のファッション企業を蘇らせるという意味で「ファッションの

AED（除細動器）」と呼ばれたほどだ。

だがトム&ドムは、グッチ・グループに終身雇用されたわけではなかった。倒産寸前だったグッチを、年間売上高約三〇億ドルの超大型高級ブランドに成長させた後、フォードとデ・ソーレは、その頃息子のフランソワ・アンリ・ピノーに代替わりしたオーナー企業PPRとタフな交渉を続けた。最終的に交渉は決裂した。

一年以上かけた話し合いで、フォードとデ・ソーレはクリエイティブ・マネージャーとしてグッチをコントロールする権限を要求し続けた。だが当時PPRの経営責任者だったセルジュ・ウェインバーグは、その要求は株主に対して正当化できないといった。

フォードとデ・ソーレは二〇〇三年秋に、翌年二〇〇四年四月に辞職することを宣言し、PPRの株価は急落した。辞職を事前に発表したことで、熱烈なファンはフォードがデザインする最後のグッチ製品を買おうと殺到し、売上は急増した。

ロンドンで創業したブランディングファーム、インターブランド社のリタ・クリフトンは当時、「グッチにとっては苦い試練だ。強力なブランドを抱える上で重要な点は、こういった経営上の転換をどう生き延びるかにある」といった。

フォードはのちに、グッチを去るなんて夢にも考えたことがなかったから「打ちのめされた」といっている。もうファッションの仕事からいっさい手を引いて、昔からの夢だった映画制作に集中しようと計画した。

「予定表が真っ黒になっていた日々が終わってしまう人生への準備はできていなかったから、自分のアイデンティティが土台から崩れてしまった感じがした」とフォードは〈ピープル・マガジン〉誌の二〇一六年のインタビューでジェス・ケイグルに打ち明けた。「カレンダーの空白状態はしばらく続いた。映画のプロジェクトに取りかかろうかという気持ちになるまでに、長く時間がかかった」

だがトム&ドムのパートナーシップは、まもなく新たな挑戦を始めた。「トム・フォード」のブランドを一緒に立ち上げようとフォードはデ・ソーレを説得し、グッチを去ってからちょうど一年後の二〇〇五年に二人はその計画に踏み出した。

「新しいブランドだって?」。初めて聞いたときにデ・ソーレはあきれた。「私はもう引退したいと決めたんだよ。もう疲れた。何にもしたくない」。フォードはそんな言葉を一蹴した。「バカ言うんじゃないよ。僕らは仕事に戻らなくちゃいけない」

フォードとデ・ソーレは、エスティ ローダーとフレグランスの、イタリアのメガネメーカー、マルコリンとメガネ類のライセンス契約を結んだ。二人は、メンズウェア、ウィメンズ・コレクション、ビューティ、アクセサリーと、製品カテゴリーを拡大しながら堅実にブランドを育てて、新しい高級ファッション帝国を築いている。現在は売上高が二〇億ドルにのぼり、ニューヨークから上海まで世界中の都市に直営店とインショップの専門店を構えるまでになっている。

二〇一〇年にフォードは、マディソン・アヴェニューの旗艦店でウィメンズウェアのコレクションを開催し、モデルにビヨンセ、ダフネ・ギネスやローレン・ハットンというセレブなモデルを起用した。

一方デ・ソーレは、妻のエレアノーレとサウスカロライナの海岸に建てた夢の家で暮らしている。トム・フォードとの仕事に加えて、デ・ソーレはサザビーズの会長とイタリアのメンズウェア・メーカーのエルメネジルド ゼニアをはじめとする企業の取締役に就いている。

フォードは二〇〇五年に映画プロダクションの会社、フェイド・トゥ・ブラック・プロダクションズを立ち上げ、二本の映画で監督をつとめ、どちらも映画祭で受賞した。クリストファー・イシャーウッドの小説を原作とし、コリン・ファースとジュリアン・ムーアが主演した最初の映画『シングルマン』は二〇〇九年に公開された。二〇一六年、プロデューサーと監督をつとめた映画『ノクターナル・アニマルズ』は、エイミー・アダムスとジェイク・ギレンホールが主演したダークスリラーだ。フォードは現在ほかに二本の映画プロジェクトを温めているが、いまはファッション・ビジネスに集中したいからと詳細は明かさなかった。

フォードはファッションと映画の仕事について、二〇〇九年に編集者のティナ・ブラウンにこう語っている。「僕は自分自身がブランドであると考えなくてはいけないと思うのだけれど、ファッションと映画は僕にとってまったく別物なんだ。もし僕が映画で成功していなかったとしても、人は僕がファッションでやっていることをちがうふうに評価することはないんじゃないかな」

フォードと長年連れ添ったパートナー（二〇一四年に結婚）のリチャード・バックリーは、二〇一二年九月二三日、アレクサンダー・ジョン・バックリー・フォードを養子に迎えた。フォードとバックリーはジャックと呼ぶ息子をメディアにはさらしていない。だがフォードは、ジャックがライトアップ・スニーカーと黒服を好むというようなちょっとしたエピソードは提供している。二〇一九年フォードは、有名建築家リチャード・ノイトラが設計したロサンゼルス、ベルエアの家を二〇〇〇万ドルで売った。現在はカリフォルニアの社交界有名人のベッツィ・ブルーミングデールが以前所有していたロサンゼルスの九ベッドルームの家を三九〇〇万ドルで購入し、一家で住んでいる。（訳注：長年闘病生活が続いていたバックリーは二〇二一年九月一九日、七二歳で亡くなった）

二〇一九年七月、フォードはダイアン・フォン・ファステンバーグに代わって、アメリカファッションデザイナーズ協議会（CFDA）会長に就任した。最初に課せられた重要な任務が、新型コロナウイルスのパンデミックによって打撃を受けたファッション業界の立て直しである。フォードは〈ヴォーグ〉誌編集長のアナ・ウィンターと組んで、「ア・コモン・スレッド（共通テーマ）」という、パンデミックの影響を受けたファッション・ビジネスの救済ファンドの募集と、窮状を伝えることを始めた。フォードはまたブラック・ライブス・マター運動を支援するプログラムもいくつか立ち上げている。

フォード後のグッチ

フランソワ・ピノーの息子、フランソワ・アンリが二〇〇五年に正式にPPRのトップについた。息子のピノーは、グループの業態を一般小売業から高級ブランドに特化する方向へと舵を切り、二〇一三年に名称をケリングと改名し、利幅の薄い小売のプランタンやフナックをPPRから切り離した。ピノーはまたブランド戦略も変更した。かつてトム・フォードが持っていたような、デザイナーの強烈な個性の力に頼ってブランドを展開する戦略をやめたのだ。

トム＆ドムがグッチを去ったとき、PPRはフォードに代わるスターを次期デザイナーとして起用するのをやめて、既存のデザインチームから選ぶことにした。最初にグッチのクリエイティブ・ディレクションを引き継ぐデザイナーとして指名したのが、アクセサリー類担当がフリーダ・ジャンニーニ、ウィメンズウェア担当がアレッサンドラ・ファッキネッティ、メンズウェア担当がジョン・レイという三人だった。

だがファッキネッティのデザインの評判はかんばしくなく、彼女はたった二シーズンでグッチを去った。レイも個人的な理由でそのすぐあとに辞めた。二〇〇五年、ジャンニーニがグッチの唯一のクリエイティブ・ディレクターとなった。彼女はローマのファッションハウス、フェンディで働いたあと、二〇〇二年からフォードとデ・ソーレのもとでアクセサリー類のデザイナーをつとめた。最初に彼女が打ち出したのが、グッチのアイコン的デザインだったフローラ・パターン（花柄）をバッグ類全部に蘇らせたデザインだ。過去に何回かフォードに提案したがはねつけられたアイデアだった。またメンズウェアでもフローラのプリント柄を打ち出した。そのデザインの売れ行きは良かったが、ファッション批評家の評価は高くなかった。

二〇〇八年、ピノーはファッション業界で経営者として著名なパトリツィオ・ディ・マルコに、グッチのＣＥＯ就任を打診した。ディ・マルコには、グッチの傘下にあるイタリアの革製品ブランドのボッテガ・ヴェネタをＣＥＯとして再生させた実績がある。ディ・

マルコに課せられた任務は、二〇〇八年の金融危機の影響で高級品市場が落ち込む中で、いかにブランドの成長を維持していくかにあった。

ディ・マルコはグッチというブランドに何ができるかについて一五〇ページもの企画書をまとめ、フランソワ・アンリ・ピノーに三時間にわたってロンドンでプレゼンを行なった。「企画案全体には一つウィークポイントがあると指摘しました」とディ・マルコはインタビューでいった。「それはフリーダでした」

ジャンニーニは、ディ・マルコが製品に満足していないという噂を聞き、フィレンツェの彼女のオフィスでの最初のミーティングにあたって準備を整え待ち構えた。一八〇センチを越える身長のディ・マルコをわざと座面高の低いソファに座らせ、自分のコレクションとヴィジョンをまとめた資料を作って紹介した。初対面にもかかわらず、二人はひっきりなしにタバコを吸いながら、八時間にわたってロゴ、ブランディングや高級品について意見を戦わせた。

そのミーティングは、グッチの新しいクリエイブ・マネージャーのチームのスタートとなった。一年後、そのパートナーシップは上海への出張でより親密な関係へと発展した。「私はフリーダに惚れ込んでしまった」とディ・マルコはいった。「本物の愛だった」。二人の娘のグレタが生まれたのは、ジャンニーニが二〇一三年秋冬コレクションを発表した二週間後で、二人は二〇一五年にローマで結婚した。ジャンニーニは友人たちがクリエイティブ・ディレクターをつとめているブランド、ヴァレンティノの淡いピンクのロングドレスを着た。

ディ・マルコがCEO就任時に、ジャンニーニのデザインの才能に疑問符をつけたことは、先見の明があった。彼女のショーの批評はよかったり悪かったりして安定しなかった。フローラのコレクションの売れ行きは悪くはなかったが、ファッション・メディアに絶賛されることはなかった。そのうち売れ行きはゆっくりと下降していき、中国で急成長していた高級品市場で一時期熱烈にグッチを支持していた消費者たちが、ロゴを前面に押し出したスタイルをしだいに敬遠するようになったことも売上不振に拍車をかけた。グッチはケリングの年間収益の三分の一をしめていたが、イヴ・サンローランやボッテガ・ヴェネタなど、同グループの小規模なブランドのほうがグッチを上回って安定的に成長していった。

〈ワシントン・ポスト〉紙のファッション批評を担当するロビン・ギヴハンは「グッチはかつての颯爽たるかっこよさを失った」と二〇〇九年春のコレクション評で書いた。「グッチはファッション産業に衝撃を走らせたブランドだが、その姿はまたたくうちに変わってしまい、優れたスタイルよりもブランド名に関心がある人たちに、バッグや靴を売りさばくようなそのほか多くの会社と変わらなくなってしまった」

　二〇一四年一二月ケリングは、ＣＥＯとクリエイティブ・ディレクターのコンビがグッチを去ると発表した。〈ニューヨーク・タイムズ〉紙は「トム・フォードとドメニコ・デ・ソーレがグッチを去った二〇〇四年以来の最大の衝撃」と書いた。ピノーはこの変更はグッチ・ブランドに「新しい勢い」を注入するためだといった。

　ディ・マルコは会社のフィレンツェのカフェテリアでスタッフに感情のこもったお別れの言葉を述べ、従業員には三〇〇〇語にわたるメモを書いたが、その中で自分の敵を「小人たち」と非難した。「私の意志に反して、私の神殿が未完成のまま去ることになります」とメモにはあり、その抜粋が〈ニューヨーク・タイムズ〉紙に掲載された。

　ディ・マルコは二〇一五年一月一日にグッチをやめ、ファッション業界のベテランであるマルコ・ビッザーリがＣＥＯに就任した。ビッザーリは二〇一二年にケリング（当時はＰＰＲ）の執行役員に加わり、ステラ・マッカートニーやボッテガ・ヴェネタの社長とＣＥＯをつとめていた。二月後半にウィメンズウェアのコレクション発表を控えていたジャンニーニは、それが終わるまではグッチに残るだろうと思われていた。

　だが一月九日、ジャンニーニは突然解雇され、その日のうちに会社の外まで連れ出された。最後のコレクション発表の予定はくつがえった。

空席となったグッチのクリエイティブ・ディレクターを誰が引き継ぐのかという憶測が業界に渦巻いた。LVMH傘下のパリの高級仕立服ブランドのジバンシィでクリエイティブ・ディレクターをつとめていたリカルド・ティッシや、ケリング傘下にあるイヴ・サンローランのデザインを担当していたエディ・スリマンなど若手スターの名前が上がった。だがピノーが指名したのは、ジャンニーニのもとでアシスタント・デザイナーをつとめていたアレッサンドロ・ミケーレだった。発表されるやファッション業界を仰天させた。ピノーは、ミケーレがブランドについてクリエイティブなヴィジョンを持っていること、またしっかりとした知識があることで、思い切ってリスクをとることを決めたといった。「二一世紀に高級ブランドであるためには、市場にクリエイティビティを届ける能力を持たねばなりません」とピノーはいった。「ブランドはそれ自体がクリエイティブなわけではありません。クリエイティビティは、クリエイティブな思考と個人による人間的な特質なのです」

フランスのビジネス界ではピノーは億万長者のプレイボーイにすぎないと見られているところがあった。スーパーモデルのリンダ・エヴァンジェリスタと交際して婚外子をもうけ、その後にサルマ・ハエックとつきあってまた一児生まれたのちに結婚したことが、そういった見方の根拠になっていた。だがビジネス能力への疑いを彼は見事にくつがえした。

ケリングは二〇一九年に売上が一九〇億ドル弱、市場価値は八七〇億ドルとなり、ピノーはケリングを高級ブランドのコングロマリットへと導いたのだ。

フリーダ・ジャンニーニが解雇されてからわずか五日間でコレクションをまとめたミケーレの最初のショーは、意表をついた内容でグッチのイメージを過激に変え、ファッション批評家たちを魅了した。一人の男性モデルは、プッシーボウと呼ばれる襟元に蝶結びをつけた赤いブラウスにオープントゥのサンダルをはいていた。女性モデルたちは幾何学プリントのスーツでステージを歩いた。モデルたちはすべての指に指輪をつけ（ミケーレ自身が個人的に好むルック）、ファーつきのスライド・モカシンをはいたが、このスタイルはシーズンのベストセラーになった。赤のシースルーのレースや、襟と袖口にフリルをつけたブラウスなど、ジェンダーの枠を取り払ったデザインが注目を集めた。

〈GQ〉誌は二〇一九年一〇月号の「男らしさ」についての特集で、ミケーレのショーは「ファッションで極限まで性を挑発していく一人になることを宣言したものだった。ミケーレが口火を切ったことで、メンズウェアには地殻変動が起きる。最初に登場した不気味でかわいいアンサンブルは、これから半世紀にわたって官能世界で反乱が起きることを予告している」と書いた。

ミケーレのコレクションが成功したことで、グッチは再び勢いを取り戻したが、トラブルがなかったわけではない。イタリア当局はグッチが、二〇一一年から二〇一七年にかけてイタリアの高い税率を避けるために、スイスにある会社を通して売上を計上している疑いをかけた。二〇一七年後半に、ミラノとフィレンツェにあるグッチ社にイタリア警察が捜査に入った。ケリングは二〇一九年五月、一二億五〇〇〇万ユーロ（一四億ドル）を支払うことで当局と合意した。

追悼

アルド・グッチの三人いる息子の一番年下だったロベルト・グッチが、二〇〇九年一〇月、フィレンツェ郊外の山麓にある地所、バガッツァーノで亡くなった。七六歳だった。

マウリツィオのもとでグッチのクリエイティブ・ディレクターをつとめたドーン・メローは二〇二〇年二月、ニューヨークで亡くなった。八八歳だった。小売業で女性として初めてトップに立った一人で、ニューヨークの高級百貨店、バーグドルフ・グッドマンの社長まで登りつめたが、一九八九年にグッチに移り、一九九四年にバーグドルフ・グッドマンの社長に戻った。彼女の控えめで抑えをきかせるという美意識は「アメリカンファッションのありようを変えた」と〈ニューヨーク・タイムズ〉紙のルース・ラフェルラは書いた。ジョン・A・ティファニーによる彼女のキャリアをたどった記録『ドーン——伝説的ファッション小売業者、ドーン・メローのキャリア』（“Dawn: The Career of the Legendary Fashion Retailer Dawn Mello”）が二〇一九年に出版された。まえがきでトム・フォードは「彼女には先見の明があった。多方面において時代の一歩先を生きていた」と書いた。

二〇二〇六月、バーレーンに本拠を置く投資銀行、インヴェストコープの創業者だったネミール・キルダールがフランスのアンティーブで亡くなった。八三歳だった。インヴェストコープは八〇年代にグッチ株の五〇パーセントを取得し、マウリツィオ・グッチとパートナーを組んでグッチの再生をはかろうとしたが、最終的に彼の株を買い取って株式を公開した。ネミールは三〇年にわたってインヴェストコープを率い、サックス・フィフス・アヴェニューやティファニーといったブランドへの投資を監督した。インヴェストコープは彼の経営のもと三〇〇億ドル以上の資産を有し、ニューヨーク、ロンドンやムンバイなどにオフィスを持つ。〈ワシントン・ポスト〉紙は彼を「ペルシャ湾のプライヴェート・エクイティ（未公開株）ファンドの父」と評した。

どんなこともグッチ

長年にわたってグッチ・ブランドは急成長したかと思うと衰退し、また復活することを繰り返してきた。グッチ家の面々はブランドを愛し、ブランドをめぐって争うことを続けた。そんな歴史を通して、グッチはある意味で現代用語になっている。今日「どんなこともグッチ（Everything's Gucci）」はいいこと、かっこよいことや上等であることを意味するスラングだ。〈ワシントン・ポスト〉紙のギヴハンは「グッチはイタリアのブランドの一つだけれど、すでに文化的な神話性を持っている。そのブランド名はいつでも、豊かな暮らし、羽振りがいいこと、働く必要がなく余暇を楽しめることや夢のような贅沢感を意味していた」

そして二〇二一年グッチは、グッチオ・グッチが一九二一年に創業してから一〇〇周年を迎えるイベントを企画している。これからもグッチのストーリーが紡がれていくことはまちがいない。

訳者あとがき

二〇二一年、グッチは創業一〇〇周年を記念して、没入型エキジビション「グッチ・ガーデン・アーキタイプ」を世界各地で開催した。日本でも九月末から一カ月にわたり東京・天王洲アイルで開催され、大勢のグッチ・ファンを集めた。グッチの広告キャンペーンを通して、二〇一五年から二〇二一年現在までグッチのクリエイティブ・ディレクターをつとめているアレッサンドロ・ミケーレのヴィジョン、美学、哲学を感じてもらおう、という意図がよく伝わる興味深い内容で、商品を展示するというよりは、その空間に身を置くことでグッチの（そしてミケーレの）世界が五感で感じられる構成になっていた。グッチのアイテムを身につけた人たちが、スマホでポーズをとってお互いを撮影しあい、インスタグラムにアップする姿を見ながら、本書の最終章から二〇年経って、グッチはもちろん、グッチを取り巻く環境も大きく変化したことをあらためて感じた。

このたび著者が新たに記した「新版あとがき」にもあるように、トム・フォードとドメニコ・デ・ソーレは、PPR（ピノー・プランタン・ルドゥート）と決裂して二〇〇四年にグッチを去った。その後、グッチのデザイナーはフォードの下で働いていた人たちが引き継いできた。ファッションと高級ブランドを取り巻く環境も大きく変わった。一九九〇年代に始まった高級ファッションブランドの統合はその後も進み、今ではLVMH（モエ・ヘネシー・ルイ・ヴィトン）とケリング・グループ（二〇一三年にPPRから改名）の二大コングロマリットが主だった有名高級ブランドの大半を傘下に置いている。二〇二〇年には新型コロナウイルス感染症拡大の影響でどちらも売上、純利益ともに前年比二桁減となったが、それでもLVMHは売上高四四六億五一〇〇万ユーロ（約五兆六二六〇億円）、純利益四七億二〇〇万ユーロ（約五九二四億円）。一方のケリングは売上高一三一億二〇〇万ユーロ（約一兆六六三七億円）、純利益は二一億五〇四〇万ユーロ（約二七三一億円）である。ケリングを率いるフランソワ・アンリ・ピノーは、コロナ禍が収束すればいっそうの成長が期待できると前向きなコメントを発表している。

アメリカの同時多発テロ、リーマン・ショックからの世界金融危機、気候変動が引き起こす世界各地の大災害、各地で勃発する戦争と移民難民の増加、貧富の格差拡大、そして新型コロナウイルス感染症など、この二〇年でグローバルな経済、政治、社会に大きな変動があったにもかかわらず、高級ブランド産業は意気盛んである。ファストファッションが台頭してファッションの大衆化はいっそう進み、ファッション業界にも持続可能性や環境に配慮することが強く求められるようになり、着飾ること以上に身体を鍛えることのほうに人々の関心が向いている。それでもLVMHとケリングの実績を見るかぎり、高級ブランド市場にはまだまだ潜在成長力がありそうだ。

二〇二二年、本書を原作とする映画『ハウス・オブ・グッチ』が日本でも公開される。本書でも主人公の一人であるパトリツィア・レッジャーニは、映画での自分の描かれ方に不満をもらしているそうだ。とくにレディー・ガガが自分を演じるのは「腹立たしい」と憤慨していることをイタリアANSA通信が報じた。理由は「私を演じるのに、私のところに挨拶にもこないとは何事か」ということだとか。また、自分のことを映画にしているのに一銭の支払いもなく、監督以下俳優やスタッフから無視されていることが大いに不満なのだという。現在七二歳で、容貌は年齢相応になったとはいえ、パトリツィア・レッジャーニは本書で描かれたままの人柄で変わってないらしい。グッチもグッチを取り巻く環境も変わったが、パトリツィアだけはグッチ家や従業員たちを悩ませた「グッチ夫人」のまま変わっていないようだ。

本書は、イタリアに長く在住したジャーナリスト、サラ・ゲイ・フォーデンが一〇年以上をかけて当事者に取材して書き上げた〝The House of Gucci〟の翻訳である。原書は二〇〇〇年に出版され、日本では二〇〇四年に単行本で刊行された。本書を原作とする映画『ハウス・オブ・グッチ』の公開を機に、文庫化と電子書籍化されるにあたって翻訳を全面的に見直した。グッチというイタリアの鞄屋が国際的な高級ファッションブランドに成長していくサクセス・ストーリー、グッチ家のどろどろの内紛劇、三代目マウリツィオ・グッチの殺人事件、グッチ家の人間が一人もいなくなったグッチを舞台に投資ファンドが繰り広げる獲得戦争、となんとも盛り沢山な内容であるが、全部実話のノンフィクションである。映画とともにお楽しみいただきたい。

二〇二一年初冬

本書は二〇〇四年九月に講談社より単行本として刊行された『ザ・ハウス・オブ・グッチ』に新たなあとがきを付し、改題し二分冊で文庫化したものです。

オリバー・ストーンが語る もうひとつのアメリカ史

①二つの世界大戦と原爆投下
②ケネディと世界存亡の危機
③帝国の緩やかな黄昏

The Untold History of the United States

オリバー・ストーン&ピーター・カズニック
大田直子・熊谷玲美・金子 浩ほか訳
ハヤカワ文庫ＮＦ

一見「自由世界の擁護者」というイメージの強いアメリカは、かつてのローマ帝国や大英帝国と同じ、人民を抑圧・搾取した実績に事欠かない、ドス黒い側面をもつ帝国にほかならない。最新資料の裏付けで明かすさまざまな事実によって、全米を論争の渦に巻き込んだアカデミー賞監督による歴史大作（全3巻）。

訳者略歴　翻訳家，ライター　上智大学仏語学科卒　訳書にトーマス『堕落する高級ブランド』，ガンスキー『メッシュ』，リトルトン『PK』，サンチェス・ベガラ『ココ・シャネル』他多数，著書に『翻訳というおしごと』など

HM=Hayakawa Mystery
SF=Science Fiction
JA=Japanese Author
NV=Novel
NF=Nonfiction
FT=Fantasy

ハウス・オブ・グッチ
〔下〕

〈NF583〉

二〇二一年十二月二十日　印刷
二〇二一年十二月二十五日　発行
（定価はカバーに表示してあります）

著者　サラ・ゲイ・フォーデン
訳者　実《じつ》川《かわ》元《もと》子《こ》
発行者　早川　浩
発行所　株式会社　早川書房

郵便番号　一〇一 - 〇〇四六
東京都千代田区神田多町二ノ二
電話　〇三 - 三二五二 - 三一一一
振替　〇〇一六〇 - 三 - 四七七九九
https://www.hayakawa-online.co.jp

乱丁・落丁本は小社制作部宛お送り下さい。
送料小社負担にてお取りかえいたします。

印刷・株式会社亨有堂印刷所　製本・株式会社フォーネット社
Printed and bound in Japan
ISBN978-4-15-050583-7 C0198

本書は活字が大きく読みやすい〈トールサイズ〉です。